Analysis I für das erste Semester

W0172674

Mike Scherfner
Torsten Volland

Analysis I für das erste Semester

ein Imprint von Pearson Education

München • Boston • San Francisco • Harlow, England
Don Mills, Ontario • Sydney • Mexico City
Madrid • Amsterdam

Bibliografische Information Der Deutschen Bibliothek

Die Deutsche Bibliothek verzeichnet diese Publikation in der Deutschen Nationalbibliografie;
detaillierte bibliografische Daten sind im Internet über <http://dnb.ddb.de> abrufbar.

10   9   8   7   6   5   4   3   2   1

10   09   08

ISBN 978-3-8273-7318-2

© 2008 by Pearson Studium
ein Imprint der Pearson Education Deutschland GmbH,
Martin-Kollar-Straße 10–12, D-81829 München/Germany
Alle Rechte vorbehalten
www.pearson-studium.de

Lektorat: Birger Peil, bpeil@pearson.de
Korrektorat: Katharina Pieper, Berlin
Umschlaggestaltung: Thomas Arlt, tarlt@adesso21.net
Umschlagbild: Konrad Polthier, Freie Universität Berlin, www.polthier.info
Herstellung: Philipp Burkart, pburkart@pearson.de
Satz: le-tex publishing services oHG, Leipzig
Druck und Verarbeitung: Kösel, Krugzell (www.KoeselBuch.de)

Printed in Germany

Inhaltsverzeichnis

Vorwort

Das erste Semester zeigt zumeist deutlich, was Sie im Hinblick auf die Mathematik versäumt haben. Manchmal wurden schlummernde Begabungen gar nicht gefördert oder gefordert und erst zum Studium wird einem klar, dass die Mathematik nicht auf dem Schulhof blieb, als man dessen Tore für immer hinter sich lassen wollte. Und dann ist es natürlich an Universitäten oft so, dass noch viel mehr an Mathematik gelernt werden muss, als man auch nur zu träumen wagte. Dieses Buch wird Ihnen aber zur Seite stehen.

Vor dem eigentlichen Start möchten wir Ihnen allerdings noch genauer beschreiben, an was und wen wir beim Verfassen gedacht haben.

Für wen ist dieses Buch?

Dieses Buch richtet sich primär an Studenten der Ingenieurwissenschaften im ersten Semester an Universitäten und Fachhochschulen. Dabei ist es gleichfalls gut als Einstieg für angehende Physiker geeignet, aber auch Mathematiker und insbesondere Lehrer der genannten Studienrichtungen werden einigen Nutzen daraus ziehen können, wenn auch der Mathematiker Beweise und Tiefe an vielen Stellen vermissen wird. Der Übergang zum Bachelor als erstem akademischen Grad hat zu zahlreichen Verwirrungen und Irrungen geführt, was leider auch die Studierenden erdulden müssen. Dadurch blieb, teils auch in der mathematischen Ausbildung der Ingenieure, weniger Zeit für Strenge. Dies finden wir bedauerlich, versuchen aber trotzdem das Beste aus der verbleibenden Zeit zu machen.

Die Stoffauswahl richtet sich daher wesentlich nach dem, was der Ingenieur in seinen Mathematikveranstaltungen geboten bekommt. Wie es dort üblich ist, wird viel Wert auf Beispiele, Rechnungen und Verfahren gelegt. Wir haben uns aber bemüht, die Sachverhalte alle plausibel zu machen, was häufig auch den Beweis oder die Beweisidee einschließt. Es war lange Zeit die Tradition von Lehrbüchern der Mathematik, die Resultate im Textfluss zu präsentieren, sodass sich das eigentliche mathematische Resultat ganz natürlich ergab und man am Gedankengang teilhaben konnte. Diese Idee ist auch hier aufgenommen worden.

Der Wert des Buches liegt auch darin begründet, dass wir sehr viel erklären und das Wort „trivial" nicht zu finden sein wird (auf das Entdecken im *nachfolgenden* Text setzen wir eine hohe Belohnung aus). Viele Begründungen sind eher intuitiv und weniger formal. Das ist keine Unterlassung, sondern Absicht; Gleichungswüsten in Buchform gibt es bereits genug.

Sie können das Buch gerne auch zur Hand nehmen, wenn Sie nicht im ersten Semester sind. Wir betonen die Eignung für Erstsemester nur, weil wir einen sanften Zugang bieten, bei dem Sie nicht mit Formalien zugeschüttet werden.

Ferner wird die Analysis I meist im ersten Semester behandelt, die Analysis II dann, Sie ahnen es, im Semester danach.

Unser Ziel

Es gibt kein Buch, das Sie sich unter das Kopfkissen legen, um dann nach einigen Nächten wissend zu erwachen. Wir möchten aber beweisen, dass Mathematik – hier die Analysis I, also wesentlich die Differenzial- und Integralrechnung für eine Variable – kein Buch mit sieben Siegeln ist. Sicher ist Mathematik ein anspruchsvolles Geschäft, jedoch keines, was auch nur die geringste Angst berechtigt aufkommen lässt.

Wir möchten, dass Sie die Motivation für die Themen verstehen. Das macht das jeweils Folgende leichter. So gibt es in unserem Buch absolut kein Kapitel, dem nicht eine ordentliche Motivation vorangestellt wurde. Vor dem richtigen Start gibt es auch noch eine Vorbereitung, die Sie von der Schule abholt und Wesentliches von dem liefert, was Sie eventuell verpasst, vergessen oder gar nicht gelernt haben. Und auch die Analysis an sich werden wir motivieren. Zusammenfassend können wir sagen: *Wir lassen Sie nicht alleine.*

Inhalt und Aufbau

Wir behandeln die Standardthemen der Analysis für eine Variable. Als angehender Mathematiker werden Sie das Fehlen einiger Themen (mit Recht) bedauern, allerdings können wir Ihnen versichern, dass es von unserem Buch aus oft nur ein kleiner Schritt dahin ist. Auch dem Ingenieur können wir nicht alles bieten, was wir wollten (oder aus der Sicht einiger sollten), denn vieles ist Geschmack, unterschiedliche Notwendigkeit oder einfach der gegebenen Zeit geschuldet, die der Mathematik im Studium gegeben wird. So bleibt ein solches Werk immer ein Spagat (mit mehr als zwei Beinen) zwischen dem Notwendigen, den Wünschen der Studenten, der Dozenten und dem eigenen Anspruch. Und Letzterer ist dann meist nur durch eine ständig wachsende Seitenzahl befriedigt, die jede Lücke zu schließen vermag, aber auch jeden Rahmen sprengen würde.

Wir werden in diesem Buch zahlreiche Beispiele betrachten, die das Erlernte greifbar machen. Wir haben uns bemüht, die ersten Beispiele stets einfach zu halten. Was zuvor in der Theorie gemacht wurde, soll gleich verstehbar in den Beispielen umgesetzt werden. Am Ende eines jeden Abschnittes stehen Aufgaben, an die sich sofort die *vollständigen Lösungen* anschließen, damit Sie sofort prüfen können, ob Sie Weg und Ergebnis gefunden haben. Die Aufgaben sind dabei manchmal einfach (es müssen ja auch die Grundlagen verstanden werden), teils aber auch anspruchsvoll und benötigen neben Rechenfertigkeiten auch Verständnis.

Am Ende finden Sie jeweils noch einige ausgewählte Fragen, die in dieser Art aus einer (mündlichen) Prüfung stammen könnten. Es gibt keine angeschlossenen Antworten, denn Sie finden alles im Text zuvor. Beherrschen Sie nämlich etwas nicht, so wollen wir Sie beabsichtigt wieder zum Lesen bringen.

Bitte beachten Sie, dass wir die Aufgaben nicht als Zusatz sehen, sondern als bedeutenden Teil des Buches: Es gibt nämlich einen gewaltigen Unterschied zwischen dem Kennen und dem Können einer Thematik!

Wie bereits erwähnt, finden Sie am Anfang eine Vorbereitung, die einiges von dem liefert, wovon sich eigentlich kaum ein Buch zu berichten traut. Es ist eine kleine (aber nützliche) Sammlung von Dingen, die vor dem eigentlichen Start gewusst werden sollten. Nicht alles davon werden wir in diesem Buch verwenden. Aber es hilft Ihnen sicher beim Studienanfang und bei anderen Mathematikveranstaltungen.

Viele Bücher enden einfach mit dem Stoff, unseres mit Ideen und Tipps zu den Prüfungen, die vor Ihnen liegen. Die ersten zwei Kapitel, gleichfalls die gerade erwähnte Prüfungshilfe, decken sich teils mit unserem Buch zur Linearen Algebra. Was Ihnen beim Lesen beider Bände eventuell als unnötige Dopplung erscheint, ist gewollt. Denn eventuell starten Sie Ihr Studium mit nur einem der Kurse, sodass wir Ihnen auch für diesen Fall die Grundlagen bieten wollten.

Wir hoffen, dass Sie dieses Buch als eine Art persönlichen Begleiter annehmen können; so haben wir uns nach Kräften bemüht, den Stoff freundlich und verbindlich zu vermitteln.

CWS

Die Webseite zu diesem Buch finden Sie unter www.pearson-studium.de. Am schnellsten gelangen Sie von dort zur Buchseite, wenn Sie in das Textfeld Schnellsuche die Buchnummer **7318** eingeben und danach suchen lassen. Zur Lernzielkontrolle sind noch weitere Übungen mit ausführlichen Lösungen verfasst worden und auf der CWS zum Buch zur Verfügung gestellt. Dem Dozenten stehen der Foliensatz sowie alle Abbildungen zur Verfügung.

Dank

Einige liebe Menschen in unserem Umfeld hatten (nun auch bei unserem zweiten gemeinsamen Buch) etwas weniger von uns, weil wir uns einige Zeit für dieses Buch nehmen mussten. Danke, dass Ihr das erduldet habt.

Speziell bedanken wir uns bei Herrn Dirk Ferus, dessen Skript zum Thema Inspiration und Hilfe war und dem der erstgenannte Autor seine schönsten Vorlesungen verdankt.

Wir bedanken uns ferner bei Matthias Plaue, der mit Rat und Tat geholfen hat; Torsten Schönfeld für seine Hilfe bei den Graphiken; Senja Barthel für Bemerkungen, Berechnungen und allgemeine Unterstützung. Ferner Dank an Stefan Born für charismatische und konstruktive Bemerkungen zur Mathematik und Restwelt.

Und nun: *Rein ins Vergnügen!*

Mike Scherfner
Torsten Volland

Worum geht es in der Analysis?

1

Das Wort *Analysis* kommt aus dem Griechischen und bedeutet soviel wie Auflösung. Tatsächlich hilft uns dies nicht wirklich beim Verständnis der aktuellen Bedeutung dieses wichtigen Teilgebietes der Mathematik. Historisch gesehen stammen die wesentlichen Grundlagen von Isaac Newton (1643–1727) und Gottfried Wilhelm Leibniz (1646–1716). Insbesondere Newton benötigte die von ihm entwickelten Methoden und Ideen, um eine mathematische Beschreibung wichtiger Naturvorgänge zu finden.

Die wesentlichen Grundbegriffe der Analysis sind: Grenzwerte, Funktionen, Differenziation und Integration, zu deren Klärung und Untersuchung wir z. B. auch etwas über Zahlen, Folgen und Reihen lernen müssen. Damit ist sicher nicht die ganze (und insbesondere moderne) Analysis erfasst, die ihre Wirkung in fast allen Teilen der Mathematik entfaltet. Dennoch führen diese Grundlagen, besonders im Bereich der Natur- und Ingenieurwissenschaften, sehr weit; auch die Wirtschaft verdankt ihr tiefe Einblicke, z. B. in die Dynamik der Märkte.

Die bekannten Wurzeln der Analysis reichen bis in die Zeit um 400 v. Chr. zurück und werden z. B. durch den berühmten Denker Archimedes genährt. Aber auch einer der Väter der Anwendung mathematischer Methoden bei der Beschreibung der Natur, Galileo Galilei (1564–1642), hatte wesentlichen Anteil. So erkannte er u. a. den Zusammenhang zwischen dem Ableitungsbegriff und der Geschwindigkeit.

Es ist wichtig zu verstehen, dass heute nahezu kein Teilgebiet der Mathematik – gerade soweit es die Anwendungen in den Natur- und Ingenieurwissenschaften betrifft – vollkommen von den anderen isoliert betrachtet werden kann. So werden wir in der Analysis an verschiedenen Stellen auch Gleichungen mit den Methoden der elementaren Algebra untersuchen und geometrische Überlegungen anstellen. Jedoch lassen sich für die Teilgebiete der Mathematik stets Charakteristika finden, die uns Aufschluss über ihr Wesen geben. Wir wollen daher die obige Aufzählung der Kerninhalte der Analysis noch etwas genauer beleuchten.

Der Grenzwertbegriff kann als der zentrale in der Analysis angesehen werden. Er ermöglicht es uns davon zu reden, dass sich (noch genauer zu bestimmende) Dinge beliebig an etwas – nämlich den Grenzwert – annähern. Damit können wir dann Sachverhalte *aus der Nähe betrachten*, was für genaue Untersuchungen schon sprichwörtlich eine gute Idee ist.

Dies kommt auch bei der Untersuchung der Stetigkeit zum Tragen, welche uns z. B. Aussagen über sogenannte Sprünge bei einer betrachteten Funktion liefert. Der praktische Nutzen hier liegt z. B. in der Untersuchung einer Funktion, die den Temperaturverlauf in einem Raum zeigt. Ohne (eigentlich undenkbare) Phänomene scheint es vernünftig davon auszugehen, dass die Temperatur nicht innerhalb eines kurzen Augenblicks um einige hundert Grad steigt, also einen Sprung macht. Wir können also erwarten, dass die beschreibende Funktion – im Wortsinn – einen stetigen Verlauf hat.

Beim Differenzieren geht es in der Hauptsache um die Berechnung der Ableitung einer Funktion, die mit der Steigung assoziiert ist. Über die Ableitungen von Funktionen lassen sich dann häufig wieder interessante Rückschlüsse auf die Funktion selbst ziehen. Dies klingt eventuell befremdlich, denn wozu sollten wir eine bekannte Funktion ableiten, um dann wiederum etwas über die Funktion zu erfahren? Zum einen werden wir sehen, dass die Ableitung uns schnell nützliche Informationen liefert, die sonst mühsam erarbeitet werden müssten, aber noch bemerkenswerter ist: Die Natur gibt Informationen über sich selbst, also über die Sie beschreibenden Funktionen, oft nur über die Ableitungen dieser Funktionen preis! Und daraus haben wir dann die eigentliche Funktion zu (re)konstruieren, also das uns interessierende Verhalten der Natur oder auch eines technischen Vorganges.

Schließlich kommen wir dann zur Integralrechnung, durch die wir dann u. a. Flächen berechnen können. Auch dies hat großen Wert für die Praxis. Zeichnen wir nämlich die Geschwindigkeit eines Fahrrades als Funktionsgraph über der Zeitachse auf, so entspricht die Fläche unter diesem Graphen – zwischen zwei Zeitpunkten auf der Zeitachse – gerade der Strecke, welche wir auf dem Fahrrad von einem Zeitpunkt zum anderen zurückgelegt haben.

Endlich gelangen wir dann zum sogenannten Hauptsatz der Differenzial- und Integralrechnung. Dieser manifestiert, dass Integrale über sogenannte Stammfunktionen berechnet werden können. Was an dieser Stelle wie Klänge aus der Ferne erscheint, verknüpft die Differenzial- mit der Integralrechnung auf wunderbare Weise.

Es gibt noch mehr Interessantes aus der und über die Analysis zu berichten, dazu aber mehr in den einzelnen Kapiteln.

Ein wenig Vorbereitung

2

ÜBERBLICK

Motivation

>> Die Mathematik mit ihrer Symbolik, die am Anfang recht abstrakt erscheinen mag, kann als Sprache aufgefasst werden, mit deren Hilfe Aussagen, Definitionen und andere wichtige und schöne Dinge formuliert werden können. Allerdings müssen wir zuerst die grundlegenden Sprachkenntnisse (Strukturen, Vokabeln etc.) erwerben, bevor wir uns unterhalten können. Am Anfang ist es auch schon gut, einer Unterhaltung folgen zu können, wie sie dieses Lehrbuch bietet.

Diese Vorbereitung liefert eine kurze Zusammenfassung wichtiger Begriffe und Sachverhalte, deren Kenntnis in den nachfolgenden Kapiteln vorausgesetzt wird.

Wir ahnen, dass auf dem Weg von der Schule zur Uni, der tatsächlich bei einigen lang war, einige Dinge verloren gegangen sind. Wir werden diese gemeinsam mit Ihnen wiederfinden, Bekanntes neu betrachten und auch Neues entdecken. Teils werden wir intuitiv beginnen, dann aber stets zum Exakten kommen. <<

2.1   Ein Vorrat an Buchstaben

Der Satz von Pythagoras wird oft auf die bloße Formel $a^2 + b^2 = c^2$ reduziert. Die Bedeutung von a, b und c als die Seitenlängen eines rechtwinkligen Dreiecks wird dabei unterschlagen. Der Wiedererkennungseffekt beruht zu einem großen Teil auf der steten Verwendung der gleichen Symbole für die Seitenlängen. So würden nur wenige $f^2 + x^2 = n^2$ als den Satz von Pythagoras identifizieren. Andere mathematische Formulierungen bestehen aus sehr viel mehr Größen, seien es Variablen, Konstanten, Mengen, Elemente verschiedener Mengen oder Funktionen. Um diese besser auseinanderhalten und somit eine Formel schneller verstehen zu können, haben sich gewisse – nicht immer, aber oft eingehaltene – Konventionen ergeben. So werden beispielsweise die Buchstaben i, j, k, l, m, n gerne für natürliche Zahlen verwendet, a, b, c, d für reelle Zahlen und f, g, h für Funktionen. Natürlich ist der Vorrat an lateinischen Zeichen dadurch schnell erschöpft und es wird oft auf das griechische Alphabet zurückgegriffen. Dies ist Grund genug, um die griechischen Buchstaben einmal vorzustellen. In folgender Tabelle sind die griechischen Klein- und Großbuchstaben aufgeführt. Bei einigen Buchstaben wie dem rho sind sogar zwei Kleinbuchstaben notiert, die in etwa einer Druck- und Schreibschriftvariante entsprechen.

alpha	α	A	tau	τ	T	xi	ξ	Ξ
iota	ι	I	delta	δ	Δ	chi	χ	X
rho	ρ, ϱ	P	my	μ	M	eta	η	H
beta	β	B	ypsilon	υ	Υ	omikron	o	O
kappa	κ	K	epsilon	ϵ, ε	E	psi	ψ	Ψ
sigma	σ, ς	Σ	ny	ν	N	theta	θ, ϑ	Θ
gamma	γ	Γ	phi	ϕ, φ	Φ	pi	π	Π
lambda	λ	Λ	zeta	ζ	Z	omega	ω	Ω

Wir werden in diesem Buch nicht alle griechischen Buchstaben verwenden und verlangen auch nicht, sie und ihre Verwendung in mathematischen Formeln auswendig zu lernen. Letzteres ergibt sich vielmehr beim Verstehen und Anwenden der Mathematik von selbst. Außerdem ist es angenehm, Formeln vorlesen zu können, wozu natürlich die Namen der Symbole benötigt werden. Hin und wieder werden auch viele, sehr ähnliche mathematische Objekte auf einmal verwendet.

In solchen Fällen wird die Ähnlichkeit durch die Verwendung gleicher Buchstaben, die allerdings in verschiedenen Ausführungen vorkommen, ausgedrückt. So könnten beispielsweise a, $\tilde{a}$, $\hat{a}$ drei reelle Zahlen bezeichnen. Ist bei den Objekten eine Reihenfolge wichtig, werden Indizes verwendet:

$$a_1 , a_2 , a_3 , \dots , a_n ,$$

wobei n eine natürliche Zahl sein soll.

Letztere Schreibweise wird uns in diesem Buch sehr häufig begegnen und die Anzahl der Objekte bzw. den letzten Index n werden wir nicht weiter konkretisieren, damit die Formeln und Aussagen allgemein bleiben. Um spätere Missverständnisse zu vermeiden, sei allerdings erwähnt, was mit obiger Aufzählung bei z. B. $n = 2$ gemeint ist: nämlich a_1, a_2 und nicht etwa a_1, a_2, a_3, a_2. Bei $n = 1$ besteht die Aufzählung lediglich aus dem ersten Element a_1 und bei $n = 0$ aus gar keinem – auch das kommt in Spezialfällen vor.

2.2 Vom richtigen Umgang mit der Aussagenlogik

Im Alltag ist es üblich und wichtig, Aussagen miteinander zu verknüpfen. Teils sind die Folgerungen aus bestimmten Aussagen allerdings fragwürdig (Werbung und Politik gelten als gute Beispielgeber). In der Mathematik darf uns das nicht passieren! Aussagen müssen ordentlich und eindeutig verknüpft werden und wenn eine Aussage aus einer anderen folgt oder zwei Aussagen gar äquivalent sind, muss dies auch wirklich bewiesen werden. Als strenges Hilfsmittel zur Formulierung soll daher alles auf den Regeln der Aussagenlogik basieren. In dieser werden Aussagen verknüpft und im Folgenden halten wir uns an die hier eingeführte Strenge.

Eine *Aussage* ist dabei ein Satz in umgangssprachlicher oder mathematischer Formulierung, der einen Sachverhalt beschreibt, dem als *Wahrheitswert* stets „1" (wahr) oder „0" (falsch) zugeordnet werden kann. Eine Aussage kann dabei stets nur einen Wahrheitswert annehmen, der allerdings außerhalb der Mathematik vom Betrachter abhängen kann.

Mathematik macht Spaß!

ist ein Beispiel. (Wir bitten den Leser aber an dieser Stelle, die „1" zu zücken. Danke!)

Wenn wir in Zukunft ein „*und*" zwischen zwei Aussagen verwenden – als Zeichen $\wedge$ – so ist unsere Grundlage die folgende Wahrheitstabelle, in der A_1 und A_2 Aussagen sind. Die letzte Spalte gibt dann den Wahrheitswert der verknüpften Aussage „A_1 und A_2" an:

A_1	A_2	A_1 und A_2
wahr	wahr	wahr
wahr	falsch	falsch
falsch	wahr	falsch
falsch	falsch	falsch

„*Oder*" – als Symbol $\vee$ – hat folgende Werte:

A_1	A_2	A_1 oder A_2
wahr	wahr	wahr
wahr	falsch	wahr
falsch	wahr	wahr
falsch	falsch	falsch

Die „*Implikation*" ($\rightarrow$) genügt der Tabelle:

A_1	A_2	A_1 impliziert A_2
wahr	wahr	wahr
wahr	falsch	falsch
falsch	wahr	wahr
falsch	falsch	wahr

Für die Implikation verwenden wir auch das Synonym „es folgt" und das Symbol $\Rightarrow$, sofern nicht reine mathematische Logik betrieben wird.

Ferner gibt es auch die „Äquivalenz" ($\leftrightarrow$ bzw. $\Leftrightarrow$):

A_1	A_2	A_1 äquivalent A_2
wahr	wahr	wahr
wahr	falsch	falsch
falsch	wahr	falsch
falsch	falsch	wahr

Als letztes Symbol führen wir die „*Negation*" ($\neg$) ein, die den Wahrheitswert einer Aussage einfach in das Gegenteil ändert:

A	nicht A
wahr	falsch
falsch	wahr

Wir möchten noch etwas zur Implikation bemerken, was insbesondere bei der Beweisführung nützlich ist, und machen uns zuerst klar, dass folgende Aussage gilt, wie wir anhand der Wahrheitstabellen leicht überprüfen können (bitte machen Sie das auch!):

$$(A_1 \to A_2) \leftrightarrow (\neg A_2 \to \neg A_1)\,.$$

Warum hilft dies beim Führen von Beweisen? Weil wir nun wissen, wie ein Widerspruchsbeweis gemacht wird. Denn anstatt „Aus A_1 folgt A_2" lässt sich auch „Aus $\neg A_2$ folgt $\neg A_1$" zeigen, was wegen der Äquivalenz das Gleiche ist, aber manchmal einfacher, sofern es den Beweis betrifft. Wir werden davon später Gebrauch machen.

Ferner wird die Implikation oft (aus Versehen, aus Faulheit oder mutwillig) mit der Äquivalenz verwechselt. So haben Sie in der Schule eventuell Folgendes gesehen, was wir hier in zwei Varianten präsentieren:

i) $x = 1 \Rightarrow x^2 = 1$,

ii) $x = 1 \Leftrightarrow x^2 = 1$.

Was ist richtig? Natürlich i), denn $x^2 = 1$ wird auch von $x = -1$ erfüllt. Wie Sie sehen, haben wir hier „$\Rightarrow$" und „$\Leftrightarrow$" verwendet, was für den mathematischen Hausgebrauch üblich ist. (Der Logiker bevorzugt „$\to$" und „$\leftrightarrow$".) Zum Abschluss wollen wir noch ein kleines logisches Rätsel lösen:

Wir stellen uns eine Welt vor, in der ein Mensch entweder stets lügt oder stets die Wahrheit sagt. In einer kleinen Vorstadt ist ein Mord passiert und Kommissar

G. Scheit sucht nun das Haus des Hauptverdächtigen Herrn M. auf. Dieser öffnet und der Kommissar muss nun erst einmal feststellen, ob Herr M. ein Lügner ist oder nicht. Eine direkte Frage „Sind Sie ein Lügner?" würde in jedem Fall die Antwort „Nein" ergeben und nichts nützen. Doch Kommissar Scheit ist erfahren und fragt geradeheraus: „Sind Sie und Ihre Frau Lügner?" Herr M. stutzt einen Moment und antwortet: „Wir sind beide Lügner." Ein Lächeln huscht über das Gesicht des Kommissars, denn nun weiß er Bescheid und wird Herrn M. in Kürze verhaften.

Doch schauen wir uns anhand einer Tabelle genauer an, was aus der Antwort von Herrn M. gefolgert werden kann, wenn kein Kommissar in der Nähe ist, dafür aber ein Buch über Aussagenlogik. A_1 steht für die Aussage: „Herr M. sagt die Wahrheit." und A_2 für: „Frau M. sagt die Wahrheit." Herrn M.s Antwort ist die Aussage $(\neg A_1 \wedge \neg A_2)$. Wenn Herr M. immer die Wahrheit sagt, muss auch diese Aussage wahr sein, wenn er stets lügt, ist auch diese Aussage falsch. Somit sind die Aussagen A_1 und $(\neg A_1 \wedge \neg A_2)$ äquivalent, d. h., $(A_1 \leftrightarrow (\neg A_1 \wedge \neg A_2))$ ist eine wahre Aussage und dies bekommen wir nur in der dritten Zeile der folgenden Tabelle heraus, nach der Herr M. ein Lügner und seine Frau keine Lügnerin ist:

A_1	A_2	$\neg A_1$	$\neg A_2$	$\neg A_1 \wedge \neg A_2$	$A_1 \leftrightarrow (\neg A_1 \wedge \neg A_2)$
wahr	wahr	falsch	falsch	falsch	falsch
wahr	falsch	falsch	wahr	falsch	falsch
falsch	wahr	wahr	falsch	falsch	wahr
falsch	falsch	wahr	wahr	wahr	falsch

2.3   Vollständige Induktion

Wollen wir die Gültigkeit einer Aussage – beispielsweise einer Formel – für alle natürlichen Zahlen beweisen, so steht uns hierfür das Verfahren der *vollständigen Induktion* zur Verfügung. Dabei betrachten wir die Aussage kurzzeitig für jede natürliche Zahl $n \in \mathbb{N}$ separat und nennen sie $A(n)$. Bei der Aussage

$$n \le n^2 \text{ für alle } n \in \mathbb{N}$$

wäre beispielsweise $A(0)$: $0 \le 0^2$ und $A(42)$: $42 \le 42^2$.

Das Prinzip der vollständigen Induktion können wir uns durch eine (unendliche) Aneinanderreihung von Dominosteinen veranschaulichen, die wir zu Fall bringen wollen. Jeder Dominostein steht für ein $A(n)$. Um alle Steine umzustoßen, müssen wir den ersten Stein umschubsen und die Steine müssen nah genug beieinander stehen, sodass jeder Stein durch seinen Vorgänger mit umgerissen wird.

Übertragen auf den Formalismus mit den Aussagen heißt dies:

- *Induktionsanfang*: Wir müssen zeigen, dass $A(0)$ gilt (der erste Stein fällt ...).

- *Induktionsschritt*: außerdem, dass für jedes n die Implikation $(A(n) \rightarrow A(n+1))$ gilt (... und reißt alle weiteren mit sich um).

Im obigen Beispiel hätten wir also mit $0 \leq 0^2$ den Induktionsanfang gezeigt. Der Induktionsschritt ist schon etwas schwieriger: Wir setzen die Gültigkeit von $A(n)$, also von $n \leq n^2$ für ein nicht näher konkretisiertes n voraus – das nennen wir *Induktionsvoraussetzung*, in der folgenden Rechnung mit „IV" abgekürzt – und müssen daraus die Gültigkeit von $A(n+1)$, also von $n+1 \leq (n+1)^2$ folgern:

$$(n+1)^2 = n^2 + 2n + 1$$
$$\overset{IV}{\geq} n + 2n + 1$$
$$= (n+1) + 2n$$
$$\geq n + 1 \ .$$

Beim mit IV gekennzeichneten Rechenschritt haben wir die Induktionsvoraussetzung eingesetzt.

Der Induktionsanfang muss nicht unbedingt bei $n = 0$ liegen. Gilt eine Aussage nur für alle $n \geq n_0$ mit einem festen $n_0 > 0$, so können wir auch mit $A(n_0)$ beginnen und den Induktionsschritt $A(n) \Rightarrow A(n+1)$ für alle $n \geq n_0$ zeigen. Obiges Beispiel können wir auch etwas umformulieren zu

$$n < n^2 \text{ für alle } n \geq 2 \ ,$$

womit der Induktionsanfang dann bei $n_0 = 2$ läge.

Nach dem, was wir im Kapitel über Aussagenlogik gelernt haben, können wir die vollständige Induktion folgendermaßen zusammenfassen:

$$\big(A(n_0) \wedge (A(n) \rightarrow A(n+1) \text{ für alle } n \geq n_0)\big) \quad \rightarrow \quad \big(A(n) \text{ für alle } n \geq n_0\big) \ .$$

Beispiel

Wir wollen die Formel $0 + 1 + 2 + \ldots + n = \frac{n(n+1)}{2}$ für alle $n \in \mathbb{N}$ beweisen.

Der Induktionsanfang liegt offensichtlich bei $n_0 = 0$. Die linke Seite von $A(0)$ besteht nur aus einem Summanden, nämlich 0. Die rechte Seite ergibt ebenfalls

$$\frac{0 \cdot (0 + 1)}{2} = 0 \ .$$

> ### Beispiel
>
> Führen wir nun den Induktionsschritt durch. Nehmen wir also an, $A(n)$, also $1 + 2 + \ldots + n = \frac{n(n+1)}{2}$ sei wahr für eine beliebige, aber feste Zahl $n \in \mathbb{N}$. Dann folgt für die Summe bis $n + 1$:
>
> $$
> \begin{aligned}
> 1 + 2 + \ldots + n + (n+1) &\overset{IV}{=} \frac{n(n+1)}{2} + (n+1) \\
> &= \frac{n(n+1)}{2} + \frac{2(n+1)}{2} \\
> &= \frac{n(n+1) + 2(n+1)}{2} \\
> &= \frac{(n+2)(n+1)}{2} \\
> &= \frac{(n+1)((n+1)+1)}{2} .
> \end{aligned}
> $$
>
> Das ist aber gerade $A(n+1)$.

2.4 Mengen

Die von Georg Cantor (1845–1918) begründete Mengenlehre bildet einen der Grundpfeiler der modernen Mathematik: Ohne sie geht gar nichts. So wird der Begriff „Menge" bereits in der Schule behandelt und z. B. mit natürlichen oder reellen Zahlen gearbeitet. Diese sind dann Elemente der Menge der natürlichen bzw. reellen Zahlen.

> ### Definition: Menge, Element einer Menge
>
> Eine *Menge* ist eine Zusammenfassung von bestimmten, wohlunterschiedenen Objekten unserer Anschauung oder unseres Denkens zu einem Ganzen. Die Objekte heißen *Elemente* der Menge.

Ist ein Objekt x ein Element einer Menge M, so wird dafür

$$x \in M$$

geschrieben. Ist x kein Element von M, dann

$$x \notin M .$$

Vielleicht kommt Ihnen jetzt die Frage in den Sinn, warum wir hier auf kryptische Art von Objekten reden und nicht einfach von Zahlen? Der Grund ist, dass es wirklich beliebig ist, welche Objekte wir zu Mengen zusammenfassen. Denn es ist durchaus auch möglich, die Menge der Funktionen mit einer Nullstelle zu untersuchen und diese besteht nun gar nicht aus Zahlen ... .

Mengen lassen sich durch explizite Aufzählung definieren, z. B.

$$M := \{1, \pi, 173\},$$

aber auch durch das Angeben einer bestimmten Eigenschaft E für die Elemente der Menge:

$$M := \{x \mid x \text{ hat die Eigenschaft } E\} \,,$$

was sich folgendermaßen liest: „M ist die Menge aller x, für die gilt: x hat die Eigenschaft E." Ein konkreteres Beispiel für eine Menge ist

$$G := \{x \mid x \text{ ist eine ganze Zahl zwischen } -1 \text{ und } 4\}.$$

Das Symbol „$:=$" deutet immer an, dass es sich um eine Definition handelt.

Die Eigenschaft „x ist eine ganze Zahl zwischen -1 und 4" liefert die folgenden Elemente in expliziter Aufzählung:

$$G = \{0, 1, 2, 3\} \,;$$

hier ist das reine Gleichheitszeichen gerechtfertigt, denn definiert ist die Menge bereits. Weiterhin ist für die Elemente einer Menge a priori keine Reihenfolge ausgezeichnet. So ist beispielsweise

$$\{2, 10, 16\} = \{10, 16, 2\} \,.$$

Was bisher gemacht wurde, ist nun wirklich nicht schwer. Dennoch war es gut, einen Blick darauf zu werfen, wie Mengen definiert werden, denn natürlich geht es auch komplizierter. Wir werden davon Gebrauch machen (müssen).

So beschreibt beispielsweise die Menge

$$R := \{(x, y) \mid 1 \leq x^2 + y^2 \leq 9 \,; \quad x, y \text{ reell}\}$$

den folgenden Kreisring in der Ebene (links):

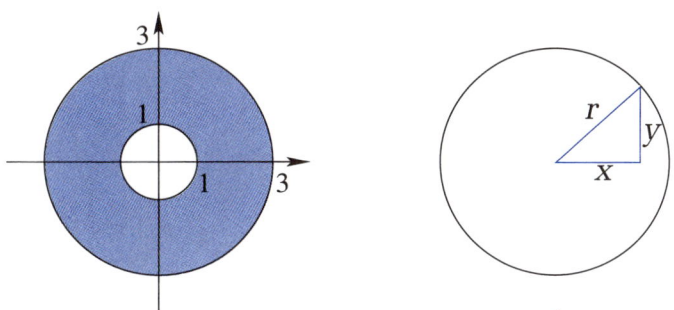

Wie ist das zu verstehen? Nun, (x, y) bedeutet, dass es sich um ein Zahlenpaar handelt (also jeweils einen Punkt im Koordinatensystem in der Ebene), das wir dann noch genauer beschreiben. Der Ausdruck $x^2 + y^2$ ist gleich einer Zahl r^2, wie wir durch den Satz von Pythagoras wissen (vgl. rechte Skizze). Wenn nun ein r fest gewählt wurde, z. B. $r = 2$, so liefert die Gleichung $x^2 + y^2 = r^2 = 4$ alle Punkte, die zum Kreis mit dem Radius 2 um den Ursprung gehören. Da nun $1 < x^2 + y^2 < 9$ gelten soll, werden also alle Kreise mit Radien von 1 bis 3 durchlaufen. Das ergibt den skizzierten Kreisring. Dabei ist natürlich bedacht worden, dass x und y reelle Zahlen sind, denn nur so können sie „kontinuierlich" alle Werte annehmen.

2.4.1 Ein kleiner Zoo wichtiger Mengen

Welches sind nun die Mengen, die einem bei den Mathematikveranstaltungen ständig begegnen? Hier die wichtigsten:

$\emptyset$: *Leere Menge.* Sie enthält keine Elemente, also $\emptyset = \{\}$. Auch wenn dies für einige absurd erscheinen mag, gerade in ihrer Leere ist sie besonders wertvoll und wird zur Beschreibung verschiedenster Sachverhalte benötigt.

$\mathbb{N}$: *Menge der natürlichen Zahlen*, also $\mathbb{N} = \{0, 1, 2, 3, \ldots\}$.

$\mathbb{Z}$: *Menge der ganzen Zahlen*, also $\mathbb{Z} = \{\ldots, -3, -2, -1, 0, 1, 2, 3, \ldots\}$.

$\mathbb{Q}$: *Menge der rationalen Zahlen*, also derjenigen, die sich als Bruch $\frac{p}{q}$ mit $p, q \in \mathbb{Z}$ darstellen lassen.

$\mathbb{R}$: *Menge der reellen Zahlen*, also der rationalen und irrationalen. Die irrationalen Zahlen sind die Zahlen, die sich nicht als Bruch (wie bei den rationalen Zahlen angegeben) darstellen lassen. Beispiele dafür sind $\sqrt{2}$ oder π.

$\mathbb{C}$: *Menge der komplexen Zahlen*, also aller Zahlen der Form $x + iy$. Dabei ist i die imaginäre Einheit (mit der Eigenschaft $i^2 = -1$) und x und y sind reelle Zahlen.

Zusammenhängende Teilabschnitte der reellen Zahlen sind Intervalle, auf denen sich ein Großteil der in diesem Buch vorgestellten Analysis abspielt. Von ihnen gibt es folgende Typen, wobei hier stets $a \leq b$ gilt für $a, b \in \mathbb{R}$:

- *offene Intervalle*: $]a, b[:= \{x \in \mathbb{R} \mid a < x < b\}$,

- *abgeschlossene Intervalle*: $[a, b] := \{x \in \mathbb{R} \mid a \leq x \leq b\}$,

- *halboffene Intervalle*: $]a, b] := \{x \in \mathbb{R} \mid a < x \leq b\}$ oder
$[a, b[:= \{x \in \mathbb{R} \mid a \leq x < b\}$.

Zeigt die eckige Klammer zum Element, also „[a" oder „b]", so ist dieses in der Menge enthalten, im anderen Fall gerade nicht. Gleichgültig, um welches der drei Intervallarten es sich handelt, nennen wir die Punkte a und b *Randpunkte* des Intervalls. Wenn der Randpunkt nicht zum Intervall gehört, kann dieser sogar $\pm\infty$ (plus oder minus unendlich) sein und wir haben es mit sogenannten *uneigentlichen Intervallen* zu tun:

$$] -\infty, b] := \{x \in \mathbb{R} \mid x \le b\}$$
$$] -\infty, b[:= \{x \in \mathbb{R} \mid x < b\}$$
$$[a, +\infty[:= \{x \in \mathbb{R} \mid a \le x\}$$
$$]a, +\infty[:= \{x \in \mathbb{R} \mid a < x\}$$
$$] -\infty, +\infty[:= \mathbb{R} .$$

Bemerkung

Anstelle der vom Element wegzeigenden eckigen Klammern werden in der Literatur teils auch zum Element zeigende runde Klammern verwendet. So ist $(a, b] =]a, b]$ und $[a, b) = [a, b[$. ∎

Es gibt noch viele weitere interessante Mengen, die allerdings an dieser Stelle zu weit führen würden. Zu den natürlichen Zahlen wollen wir noch bemerken, dass es durchaus Mathematiker gibt, welche die 0 nicht für eine natürliche Zahl halten. Wir sehen das anders und haben dafür auch die Deutsche Industrie-Norm, DIN 5473, auf unserer Seite!

2.4.2 Wie aus bekannten Mengen neue entstehen

Aus bekannten Mengen können durch *Vereinigung* ($\cup$), *Schnitt* ($\cap$) und *Differenz* ($\backslash$) neue gebildet werden:

$$A \cup B := \{x \mid x \in A \text{ oder } x \in B\} .$$
$$A \cap B := \{x \mid x \in A \text{ und } x \in B\} .$$
$$A\backslash B := \{x \mid x \in A \text{ und } x \notin B\} .$$

Bemerkung

Das hier verwendete „oder" (siehe auch den Abschnitt über Aussagenlogik) schließt nicht aus, dass x ein Element von beiden Mengen A und B ist! ∎

Zur Veranschaulichung dieser Mengenoperationen können wir die sogenannten *Venn*-Diagramme heranziehen (siehe Abbildung). Diese Diagramme stellen jedoch kein logisches Argument dar und dürfen deshalb nicht verwendet werden, um Aussagen über Mengen oder Mengenverknüpfungen zu beweisen!

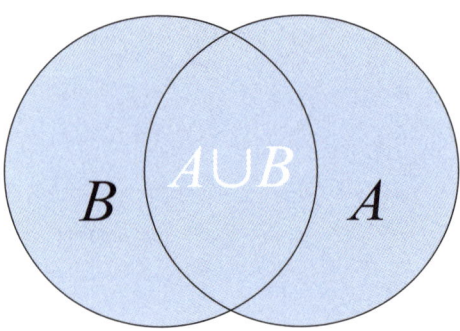

Abbildung 2.1: Vereinigung

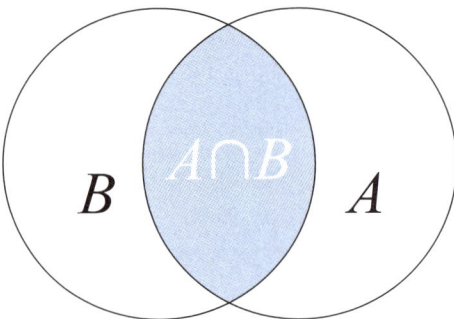

Abbildung 2.2: Schnitt

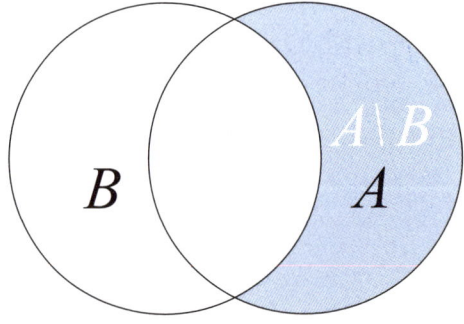

Abbildung 2.3: Komplement

Mengen können auch in anderen Mengen enthalten sein:

Es ist $A \subseteq B$ (gelesen: „A ist Teilmenge von B"), wenn aus $x \in A$ folgt, dass $x \in B$ ist. Aus dieser Definition können wir sehen, dass jede Menge Teilmenge von sich selbst ist: $A \subseteq A$. Wir sprechen von einer *echten* Teilmenge A einer Menge B, wenn A nicht B ist und schreiben dann $A \subset B$. Beispielsweise sind alle Intervalle bis auf $]-\infty, +\infty[$ echte Teilmengen von $\mathbb{R}$.

Beispiel

Seien $M_1 := \{2, 10, 16\}$, $M_2 := \{2, 10, 15, 16, 21\}$ und $M_3 := \{0, 2, 4, 6, \ldots\}$.

Dann gilt beispielsweise $M_1 \subset M_2$, $M_1 \subset M_3$ und $M_2 \not\subseteq M_3$.

Weiterhin ist $M_1 \cap M_2 = M_1$, $M_2 \setminus M_3 = \{15, 21\}$ und $M_1 \cup M_2 = M_2$.

Bemerkung

Die Notation ist in der Literatur nicht einheitlich. Manchmal steht $\subset$ einfach für Teilmenge (ohne „echt" sein zu müssen), und das Symbol $\subsetneq$ bezeichnet echte Teilmengen. ■

Vereinigen und schneiden lassen sich natürlich auch mehr als zwei Mengen. Wie $A \cup B \cup C$ gebildet wird oder gar $(A \cup B \cup C) \cap (A \cup B)$, sollte allerdings nach den obigen Ausführungen klar sein. Im folgenden Satz formulieren wir einige Rechenregeln für Mengenoperationen:

Satz

Seien A, B und C Mengen. Dann gilt:

$$\left.\begin{array}{l} A \cap B = B \cap A \\ A \cup B = B \cup A \end{array}\right\} \quad \text{Kommutativität}$$

$$\left.\begin{array}{l} A \cup (B \cup C) = (A \cup B) \cup C \\ A \cap (B \cap C) = (A \cap B) \cap C \end{array}\right\} \quad \text{Assoziativität}$$

$$\left.\begin{array}{l} A \cap (B \cup C) = (A \cap B) \cup (A \cap C) \\ A \cup (B \cap C) = (A \cup B) \cap (A \cup C) \end{array}\right\} \quad \text{Distributivität}$$

$$\left.\begin{array}{l} A \cap (A \cup B) = A \\ A \cup (A \cap B) = A \end{array}\right\} \quad \text{Adjunktivität}$$

$$\left.\begin{array}{l} A \cap A = A \\ A \cup A = A \end{array}\right\} \quad \text{Idempotenz}$$

$$\left.\begin{array}{l} C \backslash (A \cup B) = (C \backslash A) \cap (C \backslash B) \\ C \backslash (A \cap B) = (C \backslash A) \cup (C \backslash B) \end{array}\right\} \quad \text{Regeln von } \textit{de Morgan}$$

Wir empfehlen Ihnen, diese Rechenregeln an einigen Beispielen nachzuvollziehen. Beispielhaft werden wir die erste Formel der Adjunktivität genauer betrachten:

Die Gleichheit zweier Mengen beweisen wir, indem wir zeigen, dass jedes Element der ersten Menge auch in der zweiten enthalten ist und jedes Element der zweiten in der ersten. Dann gibt es nämlich kein Element, worin sich die beiden Mengen unterscheiden und folglich sind sie gleich.

Für ein beliebiges $x \in A \cap (A \cup B)$ gilt

$$\begin{aligned} x \in A \cap (A \cup B) \quad &\Rightarrow \quad (x \in A) \wedge (x \in A \cup B) \\ &\Rightarrow \quad x \in A \,, \end{aligned}$$

womit die erste Richtung bewiesen wäre. Für ein beliebiges $x \in A$ gilt andererseits

$$\begin{aligned} x \in A \quad &\Rightarrow \quad (x \in A) \vee ((x \in A) \wedge (x \in B)) \\ &\Rightarrow \quad ((x \in A) \vee (x \in A)) \wedge ((x \in A) \vee (x \in B)) \\ &\Rightarrow \quad (x \in A) \wedge ((x \in A) \vee (x \in B)) \\ &\Rightarrow \quad (x \in A) \wedge (x \in A \cup B) \\ &\Rightarrow \quad x \in A \cap (A \cup B) \,. \end{aligned}$$

Wir führen eine abkürzende (und praktische) Schreibweise für Vereinigungen bzw. Schnitte beliebig vieler Mengen ein:

$$\bigcup_{i=1}^{n} A_i := A_1 \cup A_2 \cup \ldots \cup A_n \, ;$$

$$\bigcap_{i=1}^{n} A_i := A_1 \cap A_2 \cap \ldots \cap A_n \, .$$

Es kommt auch vor, dass wir aus einem Vorrat von bereits durchnummerierten Mengen A_1, A_2, A_3, … einige auswählen und diese dann vereinen bzw. schneiden wollen, beispielsweise alle A_k, deren Index k eine Primzahl ist. Um dies zu notieren, führen wir die sogenannte Indexmenge I ein, welche alle relevanten Indizes enthält – in unserem Beispiel $I := \{k \mid k$ ist eine Primzahl$\}$ – und schreiben

$$\bigcup_{i \in I} A_i \quad \text{bzw.} \quad \bigcap_{i \in I} A_i \, .$$

Wenn Sie misstrauisch sind, ist Ihnen aufgefallen, dass wir im Beispiel mit den Primzahlen sogar unendlich viele Mengen vereint bzw. geschnitten haben, denn es gibt auch unendliche viele Primzahlen. Dies ist nicht nur für Vereinigungen und Schnitte von Mengen möglich, sondern auch für Summen und Produkte von Zahlen. Im Kapitel über Folgen werden wir uns eingehender mit der Unendlichkeit befassen und im Kapitel über Reihen werden wir unseren Blick vor allem auf die unendliche Summe richten.

Einige Fragen

■ Was ist der Unterschied zwischen Implikation und Äquivalenz?

■ Wie lauten die Wahrheitstabellen für „oder" und „und"?

■ Formulieren Sie das Prinzip der vollständigen Induktion und erklären Sie dies an einem Beispiel.

■ Definieren Sie den Begriff der Menge.

■ Nennen Sie Mengen, die für die Analysis wichtig sind.

■ Definieren Sie den Schnitt von zwei Mengen.

Aufgaben

1. Vereinfachen Sie den Ausdruck

$$a\frac{a^2\sqrt{a^3}}{\sqrt[3]{a}}$$

für $a > 0$.

2. Beweisen Sie mit vollständiger Induktion die Summenformel

$$1^2 + 2^2 + 3^2 + \ldots + n^2 = \frac{n}{6}(n+1)(2n+1).$$

3. Schreiben Sie für

$$A := \{x \in \mathbb{R} \mid x > 4\} \quad \text{und} \quad B := \{x \in \mathbb{R} \mid x \leq 5\}$$

die Mengen $A \cup B$, $A \cap B$, $A\backslash B$ und $B\backslash A$ in möglichst einfacher Form auf.

4. Welche Mengen werden durch folgende Notationen beschrieben?

$$\bigcup_{k \in \mathbb{Z}}]k,\, k+1[,\quad \bigcap_{k \in \mathbb{N}\backslash\{0\}} \left[0, \frac{1}{k}\right],\quad \bigcup_{k=1}^{\infty} \{x \in \mathbb{R} \mid xk \in \mathbb{N}\}.$$

Bei der zweiten und dritten Aufgabe handelt es sich bei der Angabe, welche Indizes berücksichtigt werden, um alternative Notationen:

Die Schreibweisen $\bigcup\limits_{k=1}^{\infty}$ und $\bigcup\limits_{k \in \mathbb{N}\backslash\{0\}}$ bedeuten dasselbe,

gleichfalls $\bigcap\limits_{k=1}^{\infty}$ und $\bigcap\limits_{k \in \mathbb{N}\backslash\{0\}}$.

Lösungen

1. Zur besseren Übersicht formen wir die Wurzelterme in die Exponentialschreibweise $\sqrt[n]{a} = a^{\frac{1}{n}}$ um:

$$a\frac{a^2\sqrt{a^3}}{\sqrt[3]{a}} = a\frac{a^2(a^3)^{\frac{1}{2}}}{a^{\frac{1}{3}}}$$

und lösen die Nennerterme durch Vorzeichenwechsel der entsprechenden Exponenten $\frac{1}{a^n} = a^{-n}$ auf:

$$= a a^2 (a^3)^{\frac{1}{2}} a^{-\frac{1}{3}}.$$

Sodann können wir alle Exponenten in einem zusammenfassen:

$$= a^{1+2+3\cdot\frac{1}{2}-\frac{1}{3}}$$
$$= a^{\frac{25}{6}}\,.$$

2.

$$1^2 + 2^2 + 3^2 + \ldots + n^2 = \frac{n}{6}(n+1)(2n+1)\,.$$

Induktionsanfang: Für $n_0 = 1$ steht auf der linken Seite 1^2 und auf der rechten

$$\frac{1}{6}(1+1)(2\cdot 1+1) = 1\,.$$

Beide Seiten stimmen überein.

Induktionsschritt: Wir nehmen an, $A(n)$, also $1^2 + 2^2 + 3^2 + \ldots + n^2 = \frac{n}{6}(n+1)(2n+1)$ sei wahr für eine beliebige, aber feste Zahl $n \in \mathbb{N}\backslash\{0\}$. Dann müssen wir für die Summe bis $n+1$ zeigen:

$$1^2 + 2^2 + 3^2 + \ldots + n^2 + (n+1)^2 \overset{IV}{=} \frac{n}{6}(n+1)(2n+1) + (n+1)^2$$

$$\vdots$$

$$= \frac{n+1}{6}\big((n+1)+1\big)\big(2(n+1)+1\big)\,.$$

Dies direkt durch Umformen des ersten in den letzten Term zu zeigen, ist nicht einfach. Doch da wir genau wissen, wo wir hin wollen, können wir auch von beiden Seiten zu rechnen beginnen und uns in der Mitte treffen:

$$\frac{n}{6}(n+1)(2n+1) + (n+1)^2 = \frac{n}{6}\left(2n^2 + 3n + 1\right) + \left(n^2 + 2n + 1\right)$$

$$= \frac{2}{6}n^3 + \frac{3}{6}n^2 + \frac{1}{6}n + n^2 + 2n + 1$$

$$= \frac{2}{6}n^3 + \frac{9}{6}n^2 + \frac{13}{6}n + 1\,.$$

Von der anderen Seite gerechnet, ergibt:

$$\frac{n+1}{6}\big((n+1)+1\big)\big(2(n+1)+1\big) = \frac{n+1}{6}\left(2n^2 + 7n + 6\right)$$

$$= \frac{1}{6}\left(2n^3 + 9n^2 + 13n + 6\right)\,.$$

Offensichtlich sind beide Ausdrücke gleich. Damit haben wir aus $A(n)$ auch $A(n+1)$ gefolgert.

3.

$$A \cup B := \{x \in \mathbb{R} \mid x > 4 \text{ oder } x \leq 5\} = \{x \in \mathbb{R}\} = \mathbb{R}$$
$$A \cap B := \{x \in \mathbb{R} \mid x > 4 \text{ und } x \leq 5\} = \{x \in \mathbb{R} \mid 4 < x \leq 5\} =]4,5]$$
$$A \backslash B := \{x \in \mathbb{R} \mid x > 4 \text{ und } x > 5\} = \{x \in \mathbb{R} \mid x > 5\} =]5,\infty]$$
$$B \backslash A := \{x \in \mathbb{R} \mid x \leq 5 \text{ und } x \leq 4\} = \{x \in \mathbb{R} \mid x \leq 4\} =]-\infty,4] \,.$$

Wir hätten auch gleich $A =]4,\infty]$ und $B =]-\infty,5]$ als Intervalle schreiben und damit weiterrechnen können. In obiger Notation können die Zwischenschritte aber besser aufgeschrieben werden.

4.   Als Hilfe schreiben wir die Mengen teilweise aus:

$$\bigcup_{k \in \mathbb{Z}}]k,\, k+1[= \ldots \cup]-2,\, -1[\cup]-1,0[\cup]0,\, 1[\cup]1,\, 2[\ldots = \mathbb{R} \backslash \mathbb{Z}$$

$$\bigcap_{k \in \mathbb{N} \backslash \{0\}} [0, \frac{1}{k}] = [0, \frac{1}{1}] \cap [0, \frac{1}{2}] \cap [0, \frac{1}{3}] \cap [0, \frac{1}{4}] \cap \ldots = \{0\} \,.$$

Nur 0 ist Element jeder dieser Mengen. Jede andere positive Zahl wird irgendwann durch eine obere Intervallgrenze unterschritten und ist demnach nicht in diesem Intervall und somit auch nicht im Schnitt.

Bei der letzten Menge sind die einzelnen Teile schon komplizierter. Für $k = 1$ haben wir noch $\{x \in \mathbb{R} \mid x \in \mathbb{N}\} = \mathbb{N}$, für $k = 2$ aber schon

$$\{x \in \mathbb{R} \mid 2x \in \mathbb{N}\} = \left\{ \frac{0}{2}, \frac{1}{2}, \frac{2}{2}, \frac{3}{2}, \frac{4}{2}, \ldots \right\}$$

und für $k = 3$: $\{x \in \mathbb{R} \mid 3x \in \mathbb{N}\} = \left\{ \frac{0}{3}, \frac{1}{3}, \frac{2}{3}, \frac{3}{3}, \frac{4}{3}, \ldots \right\}$. Insgesamt durchlaufen wir damit sämtliche positiven Brüche (und die 0) und erhalten somit als Vereinigung die Menge der nicht negativen rationalen Zahlen:

$$\bigcup_{k=1}^{\infty} \{x \in \mathbb{R} \mid xk \in \mathbb{N}\} = \mathbb{Q}_{\geq 0} \,.$$

Reelle und komplexe Zahlen

3

ÜBERBLICK

Motivation

>> Der Bedarf nach reellen – und später komplexen – Zahlen wird in der Analysis oft damit begründet, bestimmte Arten von Gleichungen lösen zu können, die zuvor nicht lösbar waren. So hat die Gleichung

$$x^2 = 2$$

unter den rationalen Zahlen $\mathbb{Q}$ keine Lösung, unter den reellen Zahlen aber die Lösungen $x = \pm\sqrt{2}$. Die Gleichung

$$x^2 = -2$$

wiederum ist nicht einmal in den reellen Zahlen lösbar. Hierfür brauchen wir die komplexen Zahlen.

Wir werden in diesem Kapitel nur einige ausgesuchte Aspekte der reellen Zahlen vorstellen, da Grundsätzliches bekannt sein sollte.

3.1   Reelle Zahlen

Die reellen Zahlen $\mathbb{R}$ stellen eine Vervollständigung der rationalen Zahlen $\mathbb{Q}$ dar. Während wir rationale Zahlen stets als Bruch ganzer Zahlen schreiben können, ist dies bei den nicht rationalen reellen Zahlen, also solche aus $\mathbb{R}\backslash\mathbb{Q}$, den sogenannten *irrationalen Zahlen*, nicht mehr möglich.

Beispiel

$\sqrt{2}$ ist eine irrationale Zahl:

Angenommen, $\sqrt{2}$ wäre eine rationale Zahl. Dann ist sie als Bruch $\frac{p}{q}$ teilerfremder ganzer Zahlen $p, q \in \mathbb{Z}$ darstellbar. Somit wäre $2 = \left(\frac{p}{q}\right)^2$ bzw. $2q^2 = p^2$. Die letzte Gleichung besagt einerseits, dass p^2 und damit auch p gerade Zahlen sind. Wenn p durch 2 teilbar ist, muss p^2 durch 4 teilbar sein. Wiederum nach letzter Gleichung folgt dann, dass auch q durch 2 teilbar ist. Also sind p und q durch 2 teilbar und damit nicht teilerfremd, wie vorausgesetzt. Wir erhalten einen Widerspruch aus unserer Annahme.

So wie natürliche, ganze und rationale Zahlen können auch reelle Zahlen durch $<$ und $>$ geordnet werden. Zwischen je zwei irrationalen Zahlen lassen sich sowohl rationale als auch weitere irrationale Zahlen finden. Zwischen je zwei rationalen Zahlen ebenfalls.

3.1.1 Rechnen mit Ungleichungen

Obwohl den meisten das Umformen von Gleichungen in der Schule bereits ins Blut übergegangen ist, haben nicht wenige unserer Erfahrung nach Schwierigkeiten, wenn es um Ungleichungen geht. Grund genug, hier nochmal auf die wesentlichen Punkte einzugehen. Zunächst einmal ist der Name „Ungleichung" etwas unglücklich, denn wir werden es selten mit einem $\neq$ als vielmehr mit $<$, $>$, $\leq$ und $\geq$ zu tun bekommen und bei den letzten beiden Symbolen ist sogar die Gleichheit möglich.

Das Umformen von Gleichungen funktioniert bei genauer Betrachtung nach dem Prinzip, dass auf beiden Seiten der Gleichung die gleiche Operation ausgeführt wird. Wenn es sich vorher auf der linken wie der rechten Seite um die gleiche Zahl gehandelt hat, können sie durch die Umformung nicht verschieden werden. Selbst eine Umformung wie „das x auf die andere Seite bringen" bedeutet, dass auf beiden Seiten x subtrahiert wird oder beide Seiten durch x geteilt werden.

Die beiden Seiten von Ungleichungen hingegen sind nicht unbedingt gleich, sodass wir bei Anwendung der gleichen Operationen darüber nachdenken müssen, welchen Einfluss dies auf das Ungleichungssymbol hat. In Zweifelsfällen hilft es manchmal, die beiden Seiten durch einfache Zahlen zu ersetzen, die demselben Ungleichungssymbol genügen, und die Operation darauf anzuwenden. Wichtig dabei ist, verschiedene Varianten von Vorzeichen auszuprobieren.

■ Beispiel

Eine der wichtigsten Ungleichungen ist die sogenannte *Dreiecksungleichung*

$$||a| - |b|| \leq |a + b| \leq |a| + |b| .$$

Wir werden den linken Teil näher untersuchen, um sie besser zu verstehen:

Zunächst quadrieren wir beide Seiten. Wegen der äußeren Beträge stehen links und rechts nicht negative Zahlen. Für solche bleibt das Ungleichungszeichen beim Quadrieren bestehen (Beispiel: $1 \leq 2$ und $1^2 \leq 2^2$).

$$||a| - |b||^2 \leq |a + b|^2 .$$

Beide Seiten können wir separat vereinfachen: $||a| - |b||^2 = (|a| - |b|)^2 = |a|^2 - 2|a||b| + |b|^2 = a^2 - 2|ab| + b^2$ bzw. $|a + b|^2 = (a + b)^2 = a^2 + 2ab + b^2$. Demnach bleibt

$$a^2 - 2|ab| + b^2 \leq a^2 + 2ab + b^2 \ .$$

Nun kürzen wir auf beiden Seiten a^2 und b^2, was nichts anderes bedeutet, als dass wir von beiden Seiten jeweils $a^2 + b^2$ subtrahieren. Auch diese Umformung verändert das Ungleichungszeichen nicht. Es bleibt

$$-2|ab| \leq 2ab$$

und nach Division durch 2 nur noch

$$-|ab| \leq ab \ .$$

Die letzte Ungleichung können wir sehr leicht einsehen: Ist $ab > 0$, steht links eine negative Zahl und rechts eine positive; ist $ab = 0$, so auch $-|ab|$ und es gilt Gleichheit; für $ab < 0$ ist schließlich $-|ab| = ab$, denn der Betrag ändert das Vorzeichen und das Minuszeichen nochmals.

Haben wir damit den linken Teil der Dreiecksungleichung, also $||a| - |b|| \leq |a + b|$, bewiesen? Nein, denn unser Argumentationsweg ging in die entgegengesetzte Richtung! Wir haben gezeigt, dass

$$
\begin{aligned}
||a| - |b|| \leq |a + b| \quad &\Rightarrow \quad ||a| - |b||^2 \leq |a + b|^2 \\
&\Rightarrow \quad a^2 - 2|ab| + b^2 \leq a^2 + 2ab + b^2 \\
&\Rightarrow \quad -2|ab| \leq 2ab \\
&\Rightarrow \quad -|ab| \leq ab
\end{aligned}
$$

ist. Gebraucht hätten wir allerdings die Implikationen in die andere Richtung. Somit müssen wir mit $-|ab| \leq ab$ starten, denn dies haben wir bereits verifiziert. Glücklicherweise funktionieren unsere Umformungsschritte auch in umgekehrter Richtung, ohne das Ungleichungszeichen zu verändern: Wir multiplizieren beide Seiten mit 2, addieren $a^2 + b^2$ auf beiden Seiten und ziehen von beiden Seiten – die nicht negativ sind – die Wurzel:

$$
\begin{aligned}
-|ab| \leq ab \quad &\Rightarrow \quad -2|ab| \leq 2ab \\
&\Rightarrow \quad a^2 - 2|ab| + b^2 \leq a^2 + 2ab + b^2 \\
&\Rightarrow \quad ||a| - |b||^2 \leq |a + b|^2 \\
&\Rightarrow \quad ||a| - |b|| \leq |a + b| \ .
\end{aligned}
$$

3.2 Summen und Produkte

Da wir es in der Analysis häufig mit Summen aus beliebig vielen Summanden zu tun haben werden, führen wir dafür – analog zur Vereinigung und dem Schnitt von Mengen – die Schreibweise

$$\sum_{k=m}^{n} x_k := x_m + x_{m+1} + \ldots + x_n$$

ein, wobei m und n ganze Zahlen sind. Das Analogon für Produkte ist

$$\prod_{k=m}^{n} x_k := x_m x_{m+1} \ldots x_n \,.$$

Die Grenzindizes m und n sind oft nicht näher konkretisiert, die Schreibweise soll aber in jedem Fall möglich – und sinnvoll – sein. Bei $m = n$ besteht der Ausdruck nur aus einem einzigen Term:

$$\sum_{k=m}^{n} x_k = \sum_{k=m}^{m} x_k = x_m \quad \text{bzw.} \quad \prod_{k=m}^{n} x_k = \prod_{k=m}^{m} x_k = x_m \,.$$

Bei $m > n$ haben wir es mit einer leeren Summe bzw. einem leeren Produkt zu tun:

$$\sum_{k=m}^{n} x_k = 0 \quad \text{bzw.} \quad \prod_{k=m}^{n} x_k = 1 \,.$$

Dies ist eine Verabredung für die Benutzung der Schreibweise, deren Motivation bei der Summe von $0 \cdot x = 0$ (addiere x null mal) bzw. beim Produkt von $x^0 = 1$ (multipliziere x null mal) herrührt.

Wir werden uns in der Analysis eher auf Summen als auf Produkte stürzen, weshalb wir hier noch einige Rechenregeln für Summenzeichen angeben. Wir empfehlen, diese Regeln für Summen mit drei Summanden nachzuvollziehen.

$$\sum_{k=m}^{n} x_k + \sum_{k=m}^{n} y_k = \sum_{k=m}^{n} (x_k + y_k)$$

$$\sum_{k=m}^{n} a x_k = a \sum_{k=m}^{n} x_k$$

$$\sum_{i=m}^{n} x_i \cdot \sum_{j=k}^{l} y_j = \sum_{i=m}^{n} \sum_{j=k}^{l} x_i y_j = \sum_{j=k}^{l} \sum_{i=m}^{n} x_i y_j$$

$$\sum_{k=m}^{n} x_k = \sum_{k=m}^{l} x_k + \sum_{k=l+1}^{n} x_k \,, \text{ für } m \le l \le n$$

Bemerkung

Da es, wie in der dritten Rechenregel aufgeführt, bei der Multiplikation von Summen nicht auf die Reihenfolge ankommt, hat sich in der Literatur auch die folgende Schreibweise eingeschlichen:

$$\sum_{\substack{i=m,\ldots,n \\ j=k,\ldots,l}} x_i y_i := \sum_{i=m}^{n} \sum_{j=k}^{l} x_i y_j = \sum_{j=k}^{l} \sum_{i=m}^{n} x_i y_j \, .$$

■

Beispiel

Die *geometrische Summe* ist definiert als

$$S_n(x) := \sum_{k=0}^{n} x^k = 1 + x + x^2 + \ldots + x^n \, .$$

Für $x \neq 1$ ist $(1-x)S_n(x) = 1 - x^{n+1}$ – was wir gleich mit vollständiger Induktion beweisen wollen – und folglich erhalten wir die Summenformel

$$S_n(x) = \frac{1 - x^{n+1}}{1 - x} \, .$$

Nun zur vollständigen Induktion:

Die Aussagen $A(n) : (1 - x)S_n(x) = 1 - x^{n+1}$ sollen für alle $n \in \mathbb{N}$ bewiesen werden. Zunächst betrachten wir den Induktionsanfang $A(0)$:

$$(1 - x)S_0(x) = 1 - x^{0+1} \, .$$

Dieser ist wegen $S_0(x) = x^0 = 1$ erfüllt. Für den Induktionsschritt sei n beliebig, aber fest und wir setzen $A(n)$, also $(1 - x)S_n(x) = 1 - x^{n+1}$ voraus. Hier kommt die Schlussfolgerung auf $A(n + 1)$:

$$\begin{aligned}
(1 - x)S_{n+1}(x) &= (1 - x)\left(S_n(x) + x^{n+1}\right) \\
&= (1 - x)S_n(x) + (1 - x)x^{n+1} \\
&= (1 - x)S_n(x) + x^{n+1} - x^{n+2} \\
&\overset{IV}{=} 1 - x^{n+1} + x^{n+1} - x^{n+2} \\
&= 1 - x^{n+2} \\
&= 1 - x^{(n+1)+1} \, .
\end{aligned}$$

Damit haben wir die Formel $(1 - x)S_n(x) = 1 - x^{n+1}$ für alle $n \in \mathbb{N}$ gezeigt.

3.2.1 Fakultät und Binomialkoeffizient

Ein Produkt, welches uns doch hin und wieder über den Weg laufen wird, ist $\prod_{k=1}^{n} k$, weshalb wir hier noch eine weitere, sehr gebräuchliche Schreibweise einführen: die *Fakultät*.

Definition: Fakultät

$$n! := \prod_{k=1}^{n} k = 1 \cdot 2 \ldots n , \quad 0! := 1$$

Ein Anwendungsbeispiel der Fakultät ist der *Binomialkoeffizient*.

Definition: Binomialkoeffizient

$$\binom{n}{k} := \frac{n!}{k!(n-k)!} , \quad \binom{n}{0} := 1$$

Diese gibt die Anzahl der Möglichkeiten an, k Zahlen aus n auszuwählen. Beispielsweise ergibt $\binom{49}{6}$ die berüchtigten 13.983.816, die Möglichkeiten, beim Lotto sechs aus 49 auszuwählen.

Das *Pascalsche Dreieck* gibt uns eine Möglichkeit, Binomialkoeffizienten ohne Fakultäten zu berechnen. Jede Zeile beginnt und endet mit 1 und jeder weitere Eintrag ergibt sich als Summe der beiden schräg darüber stehenden Zahlen. Der Binomialkoeffizient $\binom{n}{k}$ ist nun der $(k+1)$-te Eintrag in der $(n+1)$-ten Zeile.

$n = 0$					1			
$n = 1$				1		1		
$n = 2$			1		2		1	
$n = 3$		1		3		3		1
$n = 4$	1		4		6		4		1

$\vdots$ $\qquad\qquad\qquad\quad$ $\vdots$

Beispiel

Die binomische Formel $(a+b)^2 = a^2 + 2ab + b^2$ hat nicht nur den Namensanfang mit dem Binomialkoeffizienten gemeinsam. Ein Blick auf das Pascalsche Dreieck verrät, dass dort in Zeile $n = 2$ die Koeffizienten stehen:

$$n = 2 \qquad 1 \qquad 2 \qquad 1 \quad , \quad 1 \cdot a^2 + 2 \cdot ab + 1 \cdot b^2 \ .$$

Und das ist kein Zufall, denn folgende Formel, der *Binomische Satz*, stellt eine Verallgemeinerung obiger Formel auch für höhere Exponenten dar:

$$(a+b)^n = \sum_{k=0}^{n} \binom{n}{k} a^{n-k} b^k \ .$$

Wir testen die Verallgemeinerung für $n = 2$:

$$
\begin{aligned}
(a+b)^2 &= \sum_{k=0}^{2} \binom{2}{k} a^{2-k} b^k \\
&= \binom{2}{0} a^{2-0} b^0 + \binom{2}{1} a^{2-1} b^1 + \binom{2}{2} a^{2-2} b^2 \\
&= \binom{2}{0} a^2 b^0 + \binom{2}{1} a^1 b^1 + \binom{2}{2} a^0 b^2 \\
&= 1 \cdot a^2 \cdot 1 + 2 \cdot a \cdot b + 1 \cdot 1 \cdot b^2 \\
&= a^2 + 2ab + b^2 \ .
\end{aligned}
$$

Für negative b ergibt sich automatisch die zweite bimonische Formel

$$(a-b)^2 = a^2 - 2ab + b^2 \ .$$

3.3 Komplexe Zahlen

Das Quadrat einer reellen Zahl ist nicht negativ. Um beispielsweise die Gleichung $x^2 = -1$ zu lösen, brauchen wir eine Erweiterung der reellen Zahlen: die komplexen Zahlen $\mathbb{C}$.

Als komplexe Zahlen bezeichnen wir Zahlen der Form $a + bi$ mit $a, b \in \mathbb{R}$. Die Größe i ist dabei durch die Gleichung $i^2 = -1$ charakterisiert. Wir nennen a den *Realteil* und b den *Imaginärteil* von $z := a + bi$ und schreiben dafür kurz

$$\operatorname{Re} z := a \quad \text{und} \quad \operatorname{Im} z := b \ .$$

Real- und Imaginärteil sind somit reelle Zahlen, was wird beim Imaginärteil gerne vergessen. Nur durch Hinzunahme von i überschreiten wir die Grenzen der reellen Zahlen. Ist $b = 0$, bleibt nur noch der Realteil übrig: $a + 0i = a \in \mathbb{R}$. Die reellen Zahlen sind also in den komplexen enthalten: $\mathbb{R} \subset \mathbb{C}$ (Mathematiker vergessen bitte an dieser Stelle, was sie über Körperisomorphismen gelernt haben).

Addition und Subtraktion von komplexen Zahlen funktionieren, wie wir es von reellen Zahlen kennen, nur dass wir das Ergebnis wieder in der Form $a + bi$ schreiben:

$$(a + bi) + (c + di) = (a + c) + (b + d)i \, ,$$
$$(a + bi) - (c + di) = (a - c) + (b - d)i \, .$$

Auch die Multiplikation gehorcht analogen Rechengesetzen wie die der reellen Zahlen

$$(a + bi)(c + di) = (ac - bd) + (ad + bc)i \, .$$

Dies entspricht dem gewöhnlichen Ausmultiplizieren reeller Zahlen, wobei wir lediglich $i^2 = -1$ eingesetzt haben. Hier sehen wir noch die Vorgehensweise bei der Division:

$$\frac{a + bi}{c + di} = \frac{(a + bi)(c - di)}{(c + di)(c - di)} = \frac{ac + bd}{c^2 + d^2} + \frac{bc - ad}{c^2 + d^2} i \, .$$

Für den Kehrwert einer komplexen Zahl reduziert sich dies zu

$$\frac{1}{a + bi} = \frac{a - bi}{(a + bi)(a - bi)} = \frac{a}{a^2 + b^2} + \frac{-b}{a^2 + b^2} i \, .$$

Drehen wir den Imaginärteil einer komplexen Zahl z um, erhalten wir die sogenannte *komplex konjugierte* Zahl $\bar{z}$.

$$z = a + bi \Rightarrow \bar{z} := a - bi \, .$$

Zur Veranschaulichung der komplexen Zahlen stellen wir uns eine Ebene mit zwei sich rechtwinklig schneidenden Koordinatenachsen vor (das Ganze nennen wir *Kartesisches Koordinatensystem*). Auf die Abzisse (x-Achse) tragen wir die Realteile und auf die Ordinate (y-Achse) die Imaginärteile von komplexen Zahlen ein. Entsprechend nennen wir die Achsen reelle bzw. imaginäre Achse. Auf diese Weise erhalten wir für jede komplexe Zahl einen Punkt in der Ebene (siehe Bild); der Koordinatenursprung entspricht der Zahl $0 + 0i$, auf der reellen Achse befinden sich die reellen Zahlen $a + 0i$.

Als *Betrag* $|z|$ einer komplexen Zahl z bezeichnen wir den Abstand des Punktes vom Koordinatenursprung. Nach dem Satz von Pythagoras ist dies:

$$|z| := \sqrt{a^2 + b^2} \, .$$

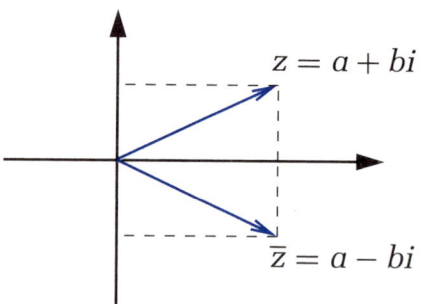

Bemerkung

Für reelle Zahlen a gibt uns diese Gleichung auch an, wie der Betrag zu berechnen ist:

$$|a| = \sqrt{a^2} \,.$$

Zur Addition zweier komplexer Zahlen zeichnen wir einfach die Strecken vom Koordinatenursprung zu beiden Punkten ein und verschieben eine Strecke an das Ende der anderen. Beide Strecken hintereinander führen zum Ergebnispunkt der Addition. Entsprechend ist die Strecke zwischen zwei komplexen Zahlen z_1 und z_2 eine Verschiebung von $z_2 - z_1$ aus dem Ursprung. Der Betrag $|z_2 - z_1|$ gibt somit den Abstand von z_1 und z_2 an. Mit dieser Anschauung können wir leicht den zweiten Teil

$$|a + b| \leq |a| + |b|$$

der Dreiecksungleichung – die übrigens auch für komplexe Zahlen gilt – verstehen (siehe Seite 39): Dazu betrachten wir in der komplexen Ebene das Dreieck mit den Eckpunkten 0, a und $-b \in \mathbb{C}$. Die Strecke von $-b$ nach a hat die Länge $|a-(-b)| = |a+b|$. Gehen wir einen Umweg von $-b$ über 0 nach a, legen wir die Länge $|-b| = |b|$ und danach die Länge a zurück, insgesamt also $|a| + |b|$. Als Umweg ist dies also größer als $|a + b|$. Dies gilt natürlich auch für reelle Zahlen als Teilmenge der komplexen.

Die komplexe Konjugation, also der Vorzeichenwechsel des Imaginärteils, entspricht einer Spiegelung an der reellen Achse. Damit ergeben sich bereits anschaulich die ersten beiden der folgenden Rechenregeln für die komplexe Konjugation:

$$\bar{\bar{z}} = z$$

$$\overline{z_1 + z_2} = \overline{z_1} + \overline{z_2}$$

$$\overline{z_1 \cdot z_2} = \overline{z_1} \cdot \overline{z_2}$$

$$\overline{\left(\frac{1}{z}\right)} = \frac{1}{\bar{z}}$$

$$z\bar{z} = |z|^2 \in \mathbb{R} \,.$$

Die restlichen Rechenregeln werden wir im folgenden Abschnitt über Polarkoordinaten verstehen. Stellen wir die zuletzt aufgeführte Formel übrigens nach $\frac{1}{z}$ um, erhalten wir

$$\frac{1}{z} = \frac{\bar{z}}{|z|^2},$$

was der weiter oben stehenden Formel für den Kehrwert entspricht.

Bemerkung

Eine Eigenschaft, welche bei der Erweiterung der reellen Zahlen zu den komplexen verloren geht, ist die Anordenbarkeit. Bei den reellen Zahlen können wir klar sagen, welche Zahl die größere und welche die kleinere ist, und somit mit Ungleichungen arbeiten. Bei komplexen Zahlen – Punkten in der Ebene – ist dies nicht mehr möglich. ■

3.3.1 Polarkoordinaten

Komplexe Zahlen lassen sich nicht ausschließlich durch Angabe von Real- und Imaginärteil beschreiben. Eine geometrisch interessante Alternative bieten die *Polarkoordinaten*, bei denen wir uns auf den Abstand vom Koordinatenursprung und auf den Winkel von der positiven reellen Achse konzentrieren.

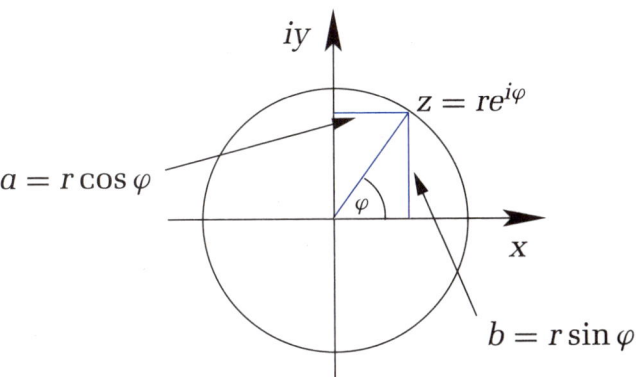

So kann jede komplexe Zahl in der Form

$$z = r(\cos \varphi + i \sin \varphi)$$

dargestellt werden. Diese Darstellung ist für $r > 0$ und $\varphi \in [0, 2\pi[$ eindeutig und wir können auch jede komplexe Zahl bis auf 0 auf diese Weise angeben. (0 können wir natürlich mit $r = 0$ realisieren, nur geht uns dabei die Eindeutigkeit der Darstellung verloren.)

Mit der *Eulerformel*

$$e^{i\varphi} = \cos\varphi + i\sin\varphi$$

ist sogar eine kürzere Schreibweise möglich:

$$z = re^{i\varphi} \; .$$

Im Kapitel über wichtige Funktionen werden wir Sinus, Kosinus und die Exponentialfunktion e^x näher betrachten.

Nun werden Sie sich vielleicht fragen, wozu man komplexe Zahlen auf unterschiedliche Arten darstellen sollte. Jede Notation hat ihre Vor- und Nachteile und abhängig davon, was gerade betrachtet wird, ist die eine oder die andere Notation hilfreich. Die Multiplikation komplexer Zahlen ist beispielsweise in Polarkoordinaten einfacher und auch anschaulicher (wobei wir hier auf Ihre Rechenfertigkeiten aus der Schule vertrauen):

$$\begin{aligned}
z_1 \cdot z_2 &= r_1 e^{i\varphi_1} \cdot r_2 e^{i\varphi_2} \\
&= r_1 r_2 e^{i(\varphi_1 + \varphi_2)} \\
&= r_1 r_2 (\cos(\varphi_1 + \varphi_2) + i\sin(\varphi_1 + \varphi_2)) \; .
\end{aligned}$$

Aus dem Ergebnis können wir sehen, dass sich die Beträge multiplizieren und die Winkel addieren. Mit der Multiplikation geht auch das Potenzieren schnell:

$$z^n = r^n(\cos(n\varphi) + i\sin(n\varphi)) \; .$$

Die Addition hingegen ist in Polarkoordinaten ungleich schwieriger, weshalb wir dort, wenn möglich, auf die kartesische Darstellung zurückgreifen.

Beispiel

Wir bestimmen die n-ten Einheitswurzeln, also diejenigen komplexen Zahlen $z = r(\cos\varphi + i\sin\varphi)$, welche die Gleichung $z^n = 1$ erfüllen. Zunächst muss der Betrag von z eins sein: $r = 1$. Potenzieren in Polarkoordinaten ergibt:

$$\begin{aligned}
1 + i \cdot 0 = z^n &= \cos(n\varphi) + i\sin(n\varphi) \\
\Leftrightarrow \quad \cos(n\varphi) &= 1 \text{ und } \sin(n\varphi) = 0 \; .
\end{aligned}$$

Damit muss $n\varphi$ ein Vielfaches von 2π sein. Es gibt also genau n verschiedene Lösungen der Gleichung $z^n = 1$, die sogenannten n-ten Einheitswurzeln

$$\cos\left(\frac{2k\pi}{n}\right) + i\sin\left(\frac{2k\pi}{n}\right) \; , \quad k = 1 \, , \quad \ldots n \; .$$

Bemerkung

Wollen wir die Wurzeln aus einer anderen Zahl $w \in \mathbb{C}$ berechnen, also die Gleichung $z^n = w$ lösen, so genügt uns in Zukunft eine Wurzel z aus. Durch Multiplikation mit den Einheitswurzeln erhalten wir alle weiteren Lösungen, denn beim Potenzieren wird der Einheitswurzelterm zu 1. ■

Einige Fragen

■ Ist jede rationale Zahl eine reelle? Finden Sie eventuell Gegenbeispiele?

■ Was besagt die Dreiecksungleichung? Können Sie die Bedeutung skizzieren?

■ Definieren Sie das Produkt- und Summenzeichen.

■ Was ist die geometrische Summe? Bestimmen Sie ihren Wert für beliebiges $n \in \mathbb{N}$.

■ Was ist der Binomialkoeffizient und wo kommt er zur Berechnung vor?

■ Geben Sie Imaginär- und Realteil einer komplexen Zahl z an und skizzieren Sie diese.

■ Wie lauten die Grundrechenregeln für komplexe Zahlen?

■ Gibt es einen Zusammenhang zwischen reellen und komplexen Zahlen?

■ Was ist komplexe Konjugation anschaulich?

■ Geben Sie die Polarkoordinatendarstellung komplexer Zahlen an.

■ Welche geometrische Bedeutung hat die Multiplikation komplexer Zahlen?

Aufgaben

1. Berechnen Sie

$$\sum_{k=1}^{42} \left(\sqrt{k} - \sqrt{k-1} \right) .$$

2. Betrachten wir das Pascalsche Dreieck, so sehen wir, dass pro Zeile (außer der obersten) die Summe der einzelnen Einträge, mit wechselndem Vorzeichen versehen, null ergibt.

$$
\begin{array}{ccccccccc}
 & & & & 1 & & & & \\
 & & & 1 & & -1 & & & = 0 \\
 & & 1 & & -2 & & +1 & & = 0 \\
 & 1 & & -3 & & +3 & & -1 & = 0 \\
1 & & -4 & & +6 & & -4 & & +1 & = 0 \\
 & & & & \vdots & & & & \vdots
\end{array}
$$

Für die n-te Zeile mit $n > 1$ mit den Einträgen $a_0, \ldots, a_{n-1}$ ist dies also

$$\sum_{k=0}^{n-1} (-1)^k a_k = 0 .$$

Beweisen Sie dies für alle Zeilen des Pascalschen Dreiecks außer der ersten.

3. Berechnen Sie folgende Spezialfälle binomischer Formeln für komplexe Zahlen:

$$(a + bi)^2 , \quad (a - bi)^2 , \quad (a + bi)(a - bi) .$$

4. Beweisen Sie folgende Formeln für den Real- und Imaginärteil komplexer Zahlen:

$$\operatorname{Re} z = \frac{z + \bar{z}}{2} , \quad \operatorname{Im} z = \frac{z - \bar{z}}{2i} .$$

5. Formen Sie folgende komplexe Zahlen in Polarkoordinaten um:

$$3 + 3i , \quad 1 - i , \quad -1 .$$

Beschreiben Sie den geometrischen Effekt der Multiplikation einer komplexen Zahl mit i.

6. Welche auf beliebige komplexe Zahlen $z = a + bi$ anzuwendende Rechenoperationen entsprechen

- der Spiegelung an der reellen Achse,
- der Spiegelung an der imaginären Achse,
- der Spiegelung am Koordinatenursprung?

7. Seien $a_1, \ldots, a_n$ die n-ten Einheitswurzeln. Bestimmen Sie deren Quadrate $a_1^2, \ldots, a_n^2$ sowie das Produkt $\prod_{k=1}^{n} a_k$ aller a_k.

Lösungen

1. Um einen Überblick zu erhalten, schreiben wir die ersten und letzten Summanden explizit auf:

$$\sum_{k=1}^{42} \left(\sqrt{k} - \sqrt{k-1} \right) = (\sqrt{1} - \sqrt{0}) + (\sqrt{2} - \sqrt{1}) + (\sqrt{3} - \sqrt{2}) +$$
$$\ldots + (\sqrt{40} - \sqrt{39}) + (\sqrt{41} - \sqrt{40}) + (\sqrt{42} - \sqrt{41}) \,.$$

Dabei fällt auf, dass sich jeweils der erste Teil eines Summanden mit dem zweiten Teil des darauffolgenden Summanden aufhebt. Übrig bleiben lediglich der zweite Teil des ersten Summanden ($-\sqrt{0}$) und der erste Teil des letzten Summanden ($\sqrt{42}$):

$$\sum_{k=1}^{42} \left(\sqrt{k} - \sqrt{k-1} \right) = -\sqrt{0} + \sqrt{42} = \sqrt{42} \,.$$

(Diese Arten von Summen, bei denen sich aufeinanderfolgende Summanden teilweise oder auch ganz aufheben, werden aus verständlichen Gründen *Teleskopsummen* genannt.)

2. Jede Zeile des Dreiecks (außer der ersten) berechnet sich vollständig aus der vorherigen. Wir betrachten die Berechnung der $(n+1)$-ten Zeile mit den Werten b_0 bis b_n aus der n-ten Zeile, deren Einträge wir mit a_0 bis a_{n-1} bezeichnen. Die b_k ergeben sich im Pascalschen Dreieck aus den a_k wie folgt:

$$b_0 := a_0 \,, \quad b_n := a_{n-1} \,, \quad b_k := a_{k-1} + a_k \text{ für } k = 1, \ldots, n-1 \,.$$

Damit gilt

$$\sum_{k=0}^{n} (-1)^k b_k = b_0 + \sum_{k=1}^{n-1} (-1)^k b_k + (-1)^n b_n$$
$$= a_0 + \sum_{k=1}^{n-1} (-1)^k (a_{k-1} + a_k) + (-1)^n a_{n-1}$$
$$= a_0 + \sum_{k=1}^{n-1} (-1)^k a_k + \sum_{k=1}^{n-1} (-1)^k a_{k-1} + (-1)^n a_{n-1}$$

$$= \sum_{k=0}^{n-1}(-1)^k a_k + \sum_{k=1}^{n}(-1)^k a_{k-1}$$

$$= \sum_{k=0}^{n-1}(-1)^k a_k + \sum_{k=0}^{n-1}(-1)^{k+1} a_k$$

$$= \sum_{k=0}^{n-1}(-1)^k a_k - \sum_{k=0}^{n-1}(-1)^k a_k$$

$$= 0 \, .$$

Wir hätten dies auch mit vollständiger Induktion zeigen können. Allerdings ist dies ein wenig komplizierter, weshalb wir die obige Methode gewählt haben.

3.

$$(a + bi)^2 = a^2 + b^2 i^2 + 2abi = a^2 - b^2 + 2abi \, ,$$

$$(a - bi)^2 = a^2 + b^2 i^2 - 2abi = a^2 - b^2 - 2abi \, ,$$

$$(a + bi)(a - bi) = a^2 - b^2 i^2 = a^2 + b^2 \, .$$

4. Als komplexe Zahl kann z in der Form $z = a + bi$ und $\bar{z} = a - bi$ geschrieben werden. Damit gilt dann

$$\frac{z + \bar{z}}{2} = \frac{a + bi + a - bi}{2} = \frac{2a}{2} = a = \operatorname{Re} z$$

und

$$\frac{z - \bar{z}}{2i} = \frac{a + bi - (a - bi)}{2} = \frac{2bi}{2i} = b = \operatorname{Im} z \, .$$

5. Für die Polarkoordinatenschreibweise müssen wir Länge und Winkel der Zahl in der komplexen Ebene ermitteln. Die Länge – oder Betrag – einer Zahl $z := a + bi$ ist durch $r = \sqrt{a^2 + b^2}$ gegeben (Pythagoras). Die Winkel können wir leicht ermitteln, indem wir uns die Zahlen in der komplexen Ebene eingezeichnet vorstellen.

- $3 + 3i$ hat einen Betrag von $r = \sqrt{3^2 + 3^2} = 3\sqrt{2}$ und einen Winkel von $45°$, also $\varphi = \frac{\pi}{4}$. Damit ist

$$3 + 3i = 3\sqrt{2}e^{i\frac{\pi}{4}} \, .$$

- $1 - i$ hat einen Betrag von $r = \sqrt{1^2 + (-1)^2} = \sqrt{2}$ und einen Winkel von $-45°$, also $\varphi = -\frac{\pi}{4}$. Damit ist

$$1 - i = \sqrt{2}e^{-i\frac{\pi}{4}} \, .$$

■ -1 hat einen Betrag von $r = \sqrt{(-1)^2 + 0^2} = 1$ und einen Winkel von $180°$, also $\varphi = \pi$. Damit ist

$$-1 = e^{i\pi} \ .$$

Der Winkel ist natürlich nicht eindeutig, sondern kann sich um additive Vielfache von $360°$, also 2π unterscheiden. Je nach persönlicher Vorliebe wird sich φ in der Literatur im Bereich $[0, 2\pi[$ oder auch $]-\pi, +\pi]$ aufhalten. Somit könnten wir auch

$$1 - i = \sqrt{2}e^{i\frac{3\pi}{4}}$$

schreiben.

Die komplexe Zahl i hat einen Betrag von $r = 1$ und einen Winkel von $\varphi = \frac{\pi}{2}$. Multiplizieren wir eine beliebige komplexe Zahl $z := re^{i\varphi}$ mit i, so erhalten wir

$$iz = e^{i\frac{\pi}{2}}re^{i\varphi} = re^{i\frac{\pi}{2}+i\varphi} = re^{i\left(\frac{\pi}{2}+\varphi\right)} \ .$$

Das Ergebnis iz hat damit den gleichen Betrag r wie z, der Winkel ist allerdings um $\frac{\pi}{2}$, also $90°$ größer. Die Multiplikation einer komplexen Zahl mit i bewirkt also lediglich eine Drehung um $90°$ in mathematisch positiver Richtung.

6. ■ Die Spiegelung an der reellen Achse entspricht einem Vorzeichenwechsel des Imaginärteils, also der komplexen Konjugation:

$$z \mapsto \bar{z} \ .$$

■ Die Spiegelung an der imaginären Achse entspricht einem Vorzeichenwechsel des Realteils:

$$z \mapsto -\bar{z} \ .$$

■ Die Spiegelung am Koordinatenursprung schließlich entspricht einem Vorzeichenwechsel von Real- und Imaginärteil, also von ganz z:

$$z \mapsto -z \ .$$

7. Als n-te Einheitswurzeln haben die a_k in Polarkoordinaten die Gestalt

$$a_k = e^{i\frac{2k\pi}{n}} \ .$$

Beim Quadrieren verdoppelt sich lediglich der Winkel, also der Exponent von e. (Die Länge würde sich quadrieren, allerdings haben die a_k als Einheitswurzeln eh Länge 1.) Damit ist

$$a_k^2 = e^{i\frac{2 \cdot 2k \cdot \pi}{n}} \ ,$$

also $a_1^2 = a_2$, $a_2^2 = a_4$, $a_3^2 = a_6$ usw., wobei $a_{n+k} = a_k$ gilt. Das Quadrat einer n-ten Einheitswurzel ist also wieder eine n-te Einheitswurzel. (Diese Aussage lässt sich sogar auf beliebige natürliche Exponenten erweitern.)

Bei ungeradem n erwischen wir beim Quadrieren aller a_k wiederum alle n Einheitswurzeln. Beispielsweise ist für $n = 3$

$$a_1^2 = a_2 \ , \quad a_2^2 = a_1 \ , \quad a_3^2 = a_3 \ .$$

Bei geradem n erwischen wir nur die a_k mit geradem k, diese aber dafür doppelt. Beispiel für $n = 4$:

$$a_1^2 = a_2 \ , \quad a_2^2 = a_4 \ , \quad a_3^2 = a_2 \ , \quad a_4^2 = a_4 \ .$$

Das Produkt der a_k ist

$$\prod_{k=1}^{n} a_k = \prod_{k=1}^{n} e^{i\frac{2k\pi}{n}} = e^{i\frac{\sum 2k\pi}{n}} = e^{i\frac{2\frac{n}{2}(n+1)\pi}{n}} = e^{i(n+1)\pi} = (-1)^{n+1} \ ,$$

wobei das Summenzeichen ebenso wie das Produktzeichen von 1 bis n läuft. Der Übersichtlichkeit halber haben wir die Grenzen dort weggelassen. Die Summenformel kennen wir bereits: $\sum_{k=1}^{n} k = \frac{n}{2}(n+1)$.

Abbildungen und Funktionen

4

ÜBERBLICK

Motivation

>> Häufig wird mit Zuordnungsvorschriften zwischen Mengen gearbeitet. Solche Zuordnungen sind oft von zentraler Bedeutung bei der Beschreibung physikalischer Vorgänge. So soll beispielsweise von einem fallenden Stein die Zuordnungsvorschrift h zu jedem Zeitpunkt t die Höhe $h(t)$ des Steins liefern. In der Mathematik sprechen wir allgemein von *Abbildungen*. <<

4.1   Grundlagen

Definition: Abbildung, Definitionsbereich, Wertebereich

Eine *Abbildung* f von einer Menge A in eine Menge B – wir schreiben $f: A \to B$ – ordnet jedem Element $x \in A$ genau ein Element $y \in B$ zu. Wir schreiben hierfür $f(x) = y$ oder $f: x \mapsto y$.

A heißt *Definitionsbereich*, B heißt *Wertebereich* der Abbildung.

Bemerkung

Besteht der Wertebereich aus reellen oder komplexen Zahlen, also $B \subseteq \mathbb{R}$ oder $B \subseteq \mathbb{C}$, so sprechen wir auch von einer *Funktion* (auf A). Beispiele aus der Schule sind $f: \mathbb{R} \to \mathbb{R}$ mit $f(x) := x$, $f(x) := 3x + x^2$ oder $f(x) := \sin(\pi x)$. ∎

Definition: Bildmenge, Urbildmenge

Seien A und B Mengen und sei $f: A \to B$ eine Abbildung. Für Teilmengen $X \subseteq A$ und $Y \subseteq B$ definieren wir:

$$f(X) := \{f(x) \mid x \in X\} \subseteq B\,,$$
$$f^{-1}(Y) := \{x \in A \mid f(x) \in Y\} \subseteq A\,.$$

$f(X)$ heißt *Bildmenge* oder *Bild* von X und $f^{-1}(Y)$ heißt *Urbildmenge* oder *Urbild* von Y bezüglich f.

In folgender Abbildung sind die Begriffe schematisch veranschaulicht. Für ein gegebenes $y \in B$ nennen wir jedes $x \in A$ mit $x \in f^{-1}(\{y\})$ einen *Urbildpunkt* von y.

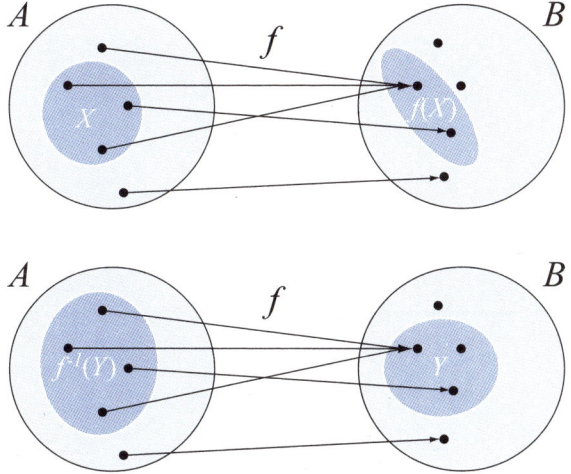

Abbildung 4.1: Bildmenge und Urbildmenge

4.2 Einige Eigenschaften von Abbildungen

Es ist nicht immer so, dass jedes Element des Wertebereichs B einer Abbildung von dieser „getroffen" wird. So kann es durchaus auch Elemente $y \in B$ geben, die keine Urbildpunkte haben, d. h. $f^{-1}(\{y\}) = \emptyset$. Gehört jedoch zu jedem $y \in B$ wenigstens ein Urbild, wird der Definitionsbereich auf den gesamten Wertebereich abgebildet und $f(A) = B$. In diesem Fall sprechen wir von einer *surjektiven* Abbildung.

Eine andere wichtige Eigenschaft, die eine Abbildung haben kann, betrifft ebenfalls die Anzahl der Urbilder. Gibt es für jedes $y \in f(A)$ nur eines, enthält also $f^{-1}(\{y\})$ genau ein Element, so sprechen wir von einer *injektiven* Abbildung. Diesen Sachverhalt können wir auch dadurch ausdrücken, dass keine zwei verschiedenen Elemente des Definitionsbereichs von f auf ein und dasselbe Element abgebildet werden.

Gibt es zu jedem Element des Wertebereiches genau einen Urbildpunkt, so ist die Abbildung surjektiv und injektiv. In diesem Fall sprechen wir von einer *bijektiven* Abbildung.

Wir stellen uns vor, dass f der Vermittler ist, der jeweils durch ein Element x aus A den Auftrag bekommt, einem Element aus B einen Eimer Wasser über den Kopf zu gießen. Surjektiv bedeutet dann, dass alle Elemente von B nass sind. Es kann dabei beispielsweise sein, dass ein (armes) $b \in B$ drei Eimer über den Kopf bekommt. Wichtig ist nur: Alle b sind nass. Injektivität garantiert, das jedes b aus B höchstens einen Eimer „zugewiesen" bekommt. Es kann aber am Ende noch trockene Elemente von B geben, aber keines wurde mehrmals begossen. Bijektiv heißt nun also: Jedes b bekommt genau aus einem Eimer Wasser ab.

Wir fassen zusammen:

Definition: Surjektiv, injektiv, bijektiv

Sei $f: A \to B$ eine Abbildung. f heißt

- *surjektiv*, wenn $f(A) = B$,

- *injektiv*, wenn für alle $x, y \in A$ mit $x \neq y$ gilt: $f(x) \neq f(y)$,

- *bijektiv*, wenn f injektiv und surjektiv ist.

Die Bedingung der Injektivität kann auch so formuliert werden: Für alle $x, y \in A$ mit $f(x) = f(y)$ muss $x = y$ gelten. In der folgenden Abbildung werden die Begriffe veranschaulicht.

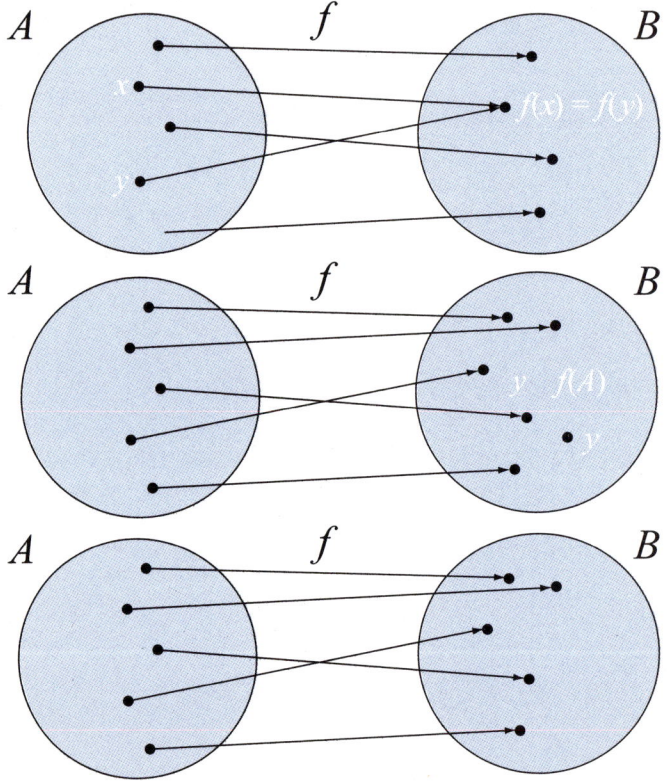

Abbildung 4.2: Der Reihenfolge nach: surjektiv, aber nicht injektiv; injektiv, aber nicht surjektiv; bijektiv

Für die Eigenschaft einer Abbildung, injektiv oder surjektiv zu sein, ist nicht nur die formale Zuordnungsvorschrift $x \mapsto f(x)$ wichtig – Definitions- und Wertebereich sind ebenfalls von entscheidender Bedeutung! Dies wird auch an den folgenden Beispielen deutlich:

Beispiel

Die Funktion

$$f_1 : [0,1] \to \mathbb{R} , \quad x \mapsto x$$

ist injektiv, denn für alle $x, y \in [0,1]$ mit $x \neq y$ gilt hier offensichtlich $f_1(x) = x \neq y = f_1(y)$. Es ist allerdings $f_1([0,1]) = [0,1] \neq \mathbb{R}$, also ist f_1 nicht surjektiv (und damit auch nicht bijektiv).

Die Funktion

$$f_2 : [0,1] \to [0,1] , \quad x \mapsto x$$

ist jedoch surjektiv und damit bijektiv.

Die Funktion

$$f_3 : \mathbb{R} \to \mathbb{R} , \quad x \mapsto x^2$$

ist nicht injektiv, da beispielsweise $f_3(2) = 4 = f_3(-2)$ ist. Sie ist auch nicht surjektiv, da beispielsweise -1 keinen Urbildpunkt hat. Die Abbildung

$$f_4 : [0,\infty[\to [0,\infty[, \quad x \mapsto x^2$$

ist jedoch bijektiv.

Eine wichtige Eigenschaft bijektiver Abbildungen ist, dass zu jedem Element des Wertebereichs ein eindeutig bestimmtes Urbild gehört. Diese Zuordnungsvorschrift definiert also eine neue Abbildung, die sogenannte *Umkehrabbildung* oder *Inverse*. Wie an den vorigen Beispielen ersichtlich wird, können wir jede Abbildung

$$f : A \to B$$

durch Einschränken des Wertebereiches auf die Bildmenge des Definitionsbereichs „surjektiv machen":

$$\tilde{f} : A \to f(A) , \quad x \mapsto f(x) ,$$

sodass wir die Inverse auch für injektive Abbildungen sinnvoll konstruieren können.

Definition: Umkehrabbildung, Inverse

Sei $f\colon A \to B$ eine injektive Abbildung. Die Abbildung

$$f^{-1}\colon f(A) \to A$$

mit

$$f^{-1}(y) = x \quad \Leftrightarrow \quad f(x) = y$$

für alle $y \in f(A)$ und $x \in A$ heißt *Umkehrabbildung* oder *Inverse* von f.

Bemerkung

Die Umkehrabbildung ist nicht zu verwechseln mit der Urbildmenge, obwohl dasselbe Formelzeichen verwendet wird! Allerdings gilt natürlich für bijektive Abbildungen

$$f^{-1}(\{y\}) = \{f^{-1}(y)\} \, .$$

(Das f^{-1} auf der linken Seite gehört zur Urbildmenge, das auf der rechten Seite ist die Umkehrfunktion.) ◾

Beispiel

Die Umkehrfunktion (wie Umkehrabbildungen von Funktionen auch genannt werden) von

$$f_4\colon [0,\infty[\to [0,\infty[\, , \quad x \mapsto x^2$$

ist die Quadratwurzel

$$f_4^{-1}\colon [0,\infty[\to [0,\infty[\, , \quad x \mapsto \sqrt{x} \, .$$

Wir wollen noch auf einige Eigenschaften von Funktionen eingehen, auf die wir in den weiteren Kapiteln Bezug nehmen werden.

Definition: Beschränkt, unbeschränkt, untere Schranke, obere Schranke

Eine Funktion $f\colon D \to \mathbb{R}$ heißt *beschränkt*, wenn es Zahlen $M, N \in \mathbb{R}$ gibt, sodass für alle $x \in D$

$$M \leq |f(x)| \leq N$$

gilt. In diesem Fall heißen M *untere Schranke* und N *obere Schranke* von f.

Gibt es solch ein M oder N nicht, nennen wir f *unbeschränkt*.

Die Funktion $f\colon \mathbb{R} \to \mathbb{R}, f(x) := x$ ist unbeschränkt. Auf dem Definitionsbereich $D := [-3, 5]$ ist f beschränkt mit der unteren Schranke $M = -3$ und der oberen Schranke $N = 5$.

Definition: (Streng) monoton wachsend/fallend

Eine Funktion $f\colon D \to \mathbb{R}$ heißt *monoton wachsend*, wenn für alle $x_1, x_2 in D$ mit $x_1 < x_2$ gilt

$$f(x_1) \leq f(x_2) \, .$$

f heißt *monoton fallend*, wenn für alle $x_1, x_2 \in D$ mit $x_1 < x_2$ gilt

$$f(x_1) \geq f(x_2) \, .$$

f heißt *streng monoton wachsend* bzw. *streng monoton fallend*, wenn statt $\leq$ bzw. $\geq$ sogar $<$ bzw. $>$ gilt.

Die Funktion $f(x) := x^2$ ist auf $D_1 :=]-\infty, 0]$ streng monoton fallend und auf $D_2 := [0, \infty[$ streng monoton wachsend.

Definition: Gerade, ungerade

Eine Funktion $f\colon D \to \mathbb{R}$ heißt *gerade*, wenn für alle $x \in D$ auch $-x \in D$ ist und gilt

$$f(-x) = f(x)\,.$$

f heißt *ungerade*, wenn für alle $x \in D$ auch $-x \in D$ ist und gilt

$$f(-x) = -f(x)\,.$$

Die Funktion $f\colon \mathbb{R} \to \mathbb{R}$, $f(x) := x^2$ ist gerade, die Funktion $g\colon \mathbb{R} \to \mathbb{R}$, $g(x) := x$ ungerade.

Definition: Periodisch, Periodenlänge

Eine Funktion $f\colon \mathbb{R} \to \mathbb{R}$ heißt *periodisch*, wenn es eine Zahl $p \in \mathbb{R}$ gibt, sodass für alle $x \in \mathbb{R}$ gilt:

$$f(x + p) = f(x)\,.$$

Die kleinste dieser Zahlen p heißt *Periodenlänge* oder einfach *Periode* von f.

Die bereits aus der Schule bekannten Funktionen $f\colon \mathbb{R} \to \mathbb{R}$, $f(x) := \sin x$ und $g\colon \mathbb{R} \to \mathbb{R}$, $g(x) := \cos x$ sind beide periodisch mit der Periode 2π, kurz 2π-periodisch.

4.3   Komposition von Abbildungen

Manche Abbildungen sind über einen „Umweg" erklärt, d. h., wir haben zwei Abbildungen $f\colon A \to X$ und $g\colon X \to B$, und suchen die Abbildung h, bei der wir auf ein $x \in A$ zunächst f und anschließend g „loslassen", sodass $h(x) = g(f(x))$. Das Ergebnis ist die *Komposition* $h = g \circ f$, eine Abbildung, die von A nach B abbildet:

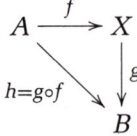

Umgangssprachlich formuliert: f frisst zuerst x und was f dann ausspuckt, wird wiederum von g gefressen. Klingt unschön, ist aber prägnant.

Der Wertebereich von f muss allerdings nicht unbedingt mit dem Definitionsbereich von g übereinstimmen, damit die Komposition wohldefiniert ist. Es genügt, wenn $f(A)$ im Definitionsbereich von g enthalten ist, damit der Ausdruck $g(f(x))$ für alle $x \in A$ sinnvoll ist.

Definition: Komposition

Seien $f: A \to X$ und $g: Y \to B$ Abbildungen mit $f(A) \subseteq Y$. Wir definieren die *Komposition* (auch *Hintereinanderausführung* oder *Verkettung* genannt) von f und g als die Abbildung

$$(g \circ f): A \to B$$

(lies: „g Kringel f" oder „g nach f") mit

$$(g \circ f)(x) = g(f(x))$$

für alle $x \in A$.

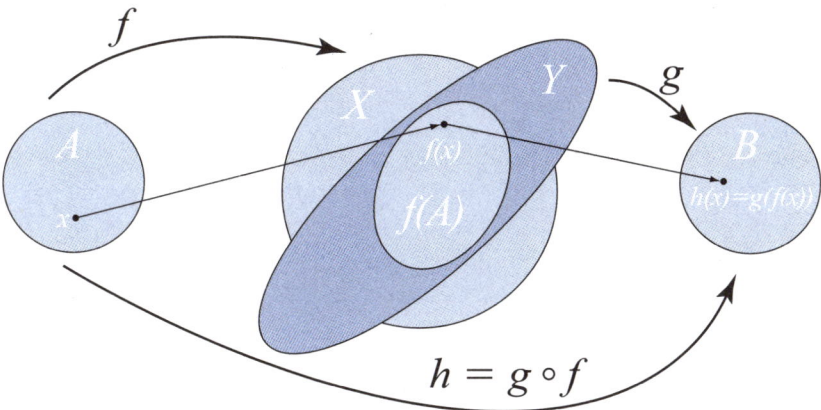

Abbildung 4.3: Die Komposition von Abbildungen

Was geschieht, wenn wir eine Abbildung mit ihrer Umkehrabbildung verketten?

Jene war definiert durch

$$f^{-1}(y) = x \Leftrightarrow f(x) = y \,.$$

Es kommt bei der Komposition also wieder der Startpunkt heraus:

$$(f^{-1} \circ f)(x) = f^{-1}(f(x)) = f^{-1}(y) = x$$

bzw.

$$(f \circ f^{-1})(y) = f(f^{-1}(y)) = f(x) = y \,.$$

Die Umkehrabbildung macht sozusagen den „Schaden", den f angestellt hat, wieder rückgängig.

■ Beispiel

Seien die Abbildungen

$$f_1 : [-1, 1] \to \mathbb{R}, \quad x \mapsto 1 - x^2$$

und

$$g_1 : [0, \infty[\to \mathbb{R}, \quad x \mapsto \sqrt{x}$$

gegeben. Es gilt $f_1([-1, 1]) = [0, 1] \subseteq [0, \infty[$, sodass die Hintereinanderausführung von g_1 nach f_1 erklärt ist:

$$g_1 \circ f_1 : [-1, 1] \to \mathbb{R}, \quad x \mapsto \sqrt{1 - x^2} \, .$$

Für die Abbildungen

$$f_2 : \mathbb{R} \to \mathbb{R}, \quad x \mapsto 2^x$$

und

$$g_2 : \mathbb{R} \to \mathbb{R}, \quad x \mapsto 3x - 1$$

ist die Hintereinanderausführung in beiden Reihenfolgen möglich; das Ergebnis ist jedoch verschieden:

$$g_2 \circ f_2 : \mathbb{R} \to \mathbb{R}, \quad x \mapsto 3 \cdot 2^x - 1$$

bzw.

$$f_2 \circ g_2 : \mathbb{R} \to \mathbb{R}, \quad x \mapsto 2^{3x-1} \, .$$

Wie wir am letzten Beispiel gesehen haben, ist die Komposition von Abbildungen im Allgemeinen nicht kommutativ, d. h., es gilt nicht $f \circ g = g \circ f$ für alle Abbildungen. Einige erfüllen die Kommutativität wie beispielsweise f mit f^{-1}, aber halt nicht alle. Die Komposition ist jedoch assoziativ, es gilt also $h \circ (g \circ f) = (h \circ g) \circ f$, sodass wir einfach $h \circ g \circ f$ schreiben können. Gehen wir also den Umweg über mehrere Mengen,

$$A \xrightarrow{f_1} X_1 \xrightarrow{f_2} X_2 \xrightarrow{f_3} \ldots \xrightarrow{f_n} X_n \xrightarrow{f_{n+1}} B \, ,$$

schreiben wir für die Komposition

$$f_{n+1} \circ f_n \circ \cdots \circ f_2 \circ f_1 \, .$$

4.4 Darstellung von Funktionen

Die graphische Darstellung von Funktionen soll die Beziehungen zwischen dem Definitions- und dem Wertebereich aufzeigen. Sind Definitions- und Wertebereich Teilmengen von $\mathbb{R}$, stellen wir üblicherweise den *Funktionsgraph* dar, indem wir in ein kartesisches Koordinatensystem über jeden Punkt des Definitionsbereiches den Bildpunkt eintragen. Da eine Funktion jedem Urbildpunkt genau einen Bildpunkt zuordnet, verläuft der Funktionsgraph von links nach rechts, ohne umzukehren. Er kann unterbrochen sein (in Bereichen, die nicht zum Definitionsbereich gehören), plötzliche Sprünge und Ecken aufweisen oder stark ansteigen und jäh wieder abfallen, aber nie darf es mehrere Punkte direkt übereinander geben.

Bei Graphen injektiver Funktionen dürfen keine zwei Urbildpunkte den gleichen Bildpunkt haben. Dementsprechend darf der Graph nicht umkehren, wenn wir ihn von unten nach oben verlaufend betrachten. Eine Spiegelung an der Winkelhalbierenden des ersten bzw. dritten Quadranten vertauscht die beiden Achsen und liefert uns den Funktionsgraphen der Umkehrabbildung der Funktion.

Wollen wir Funktionen mit Definitions- und Wertebereich in $\mathbb{C}$ darstellen, ist das oben beschriebene Verfahren über den Funktionsgraphen nicht mehr angebracht. Wir bräuchten eine komplexe Ebene über jedem Punkt des Definitionsbereiches und würden insgesamt den Funktionsgraphen in einem vierdimensionalen Raum zeichnen müssen! Eine Alternativmethode besteht darin, ein Gitter im Definitionsbereich zu betrachten und in einer zweiten Graphik das Bild des Gitters einzuzeichnen. Die Verzerrung des Bildgitters im Vergleich zum Originalgitter vermittelt einen gewissen, wenn auch nicht umfassenden Eindruck der Funktion.

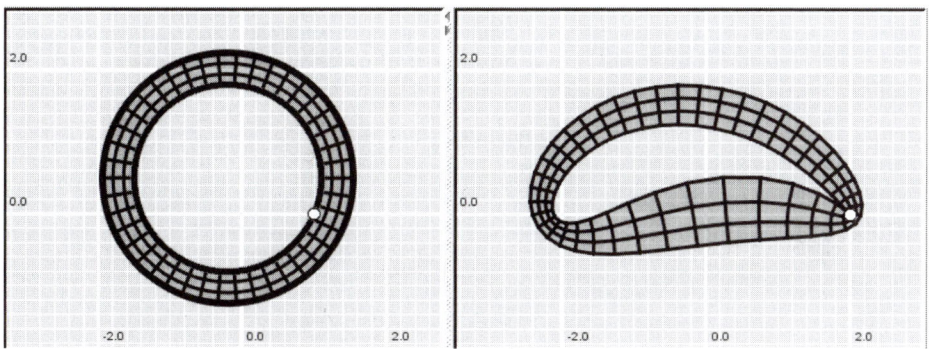

Abbildung 4.4: Darstellung der komplexen Funktion $f(z) := z - \frac{1}{z}$

Einige Fragen

■ Was sind Definitions- und Wertebereich?

■ Was ist die Urbildmenge? Fertigen Sie zur Erklärung eine Skizze an.

■ Finden Sie drei Beispiele für surjektive Abbildungen, die nicht injektiv sind und umgekehrt.

■ Was ist die Inverse einer Funktion und wann ist diese überhaupt definiert?

■ Nennen Sie je zwei Beispiele für beschränkte und unbeschränkte Funktionen.

■ Was sind monoton wachsende Funktionen? Gibt es Funktionen, die wachsend und fallend zugleich sind?

■ Zeichnen Sie ein Diagramm, durch das die Komposition von Abbildungen gegeben wird.

Aufgaben

1. Gegeben sei die stetige Funktion

$$f\colon \mathbb{R} \to \mathbb{R}, f(x) := -x^2 + 2 \,,$$

deren Funktionsgraph eine nach unten offene Parabel zeigt. Bestimmen Sie $f([0,3])$, $f(]-\infty, 0[)$ und $f^{-1}(\{1\})$.

2. Bestimmen Sie, falls möglich, die Umkehrfunktionen von

$$f_1\colon \mathbb{R} \to \mathbb{R}, f_1(x) := 3x - 2 \,,$$
$$f_2\colon [1,3] \to \mathbb{R}, f_2(x) := 3x - 2 \,,$$
$$g_1\colon \mathbb{R} \to \mathbb{R}, g_1(x) := 2x^2 + 1 \,,$$
$$g_2\colon [0,\infty[\to \mathbb{R}, g_2(x) := 2x^2 + 1 \,.$$

3. Schreiben Sie für die Funktionen

$$f\colon \mathbb{R} \to [0,\infty[\,, \quad f(x) := x^2 \,,$$
$$g\colon \mathbb{R} \to \mathbb{R}, \quad g(x) := x - 3,$$
$$h\colon [0,\infty[\to [0,\infty[\,, \quad h(x) := \sqrt{x}$$

folgende Hintereinanderausführungen samt Definitionsbereich und Wertebereich auf:

$$f \circ g, \quad g \circ f, \quad h \circ f, \quad f \circ h, \quad h \circ g, \quad g \circ g \circ h, \quad f \circ g \circ h \,.$$

Der Definitionsbereich soll dabei der maximal mögliche in $\mathbb{R}$ sein und der Wertebereich soll so gewählt werden, dass die Hintereinanderausführung surjektiv ist. Welche Hintereinanderausführung ist zudem noch injektiv?

4. Stellen Sie die Funktion $f(x) := \frac{x}{x+1}$ als Hintereinanderausführung folgender Funktionen für $x > 0$ dar:

$$g(x) := \frac{1}{x} , \quad h(x) := x + 1 .$$

5. Seien f_1, f_2 gerade und g_1, g_2 ungerade Funktionen. Leiten Sie die entsprechenden Symmetrieeigenschaften folgender Hintereinanderausführungen her:

$$f_1 \circ f_2 , \quad g_1 \circ g_2 , \quad f_1 \circ g_2 , \quad g_1 \circ f_2 .$$

Lösungen

1.

$$f : \mathbb{R} \to \mathbb{R} , \quad f(x) := -x^2 + 2 .$$

Im Intervall $[0, 3]$ ist f monoton fallend;

$$f([0, 3]) = [f(3), f(0)] = [-7, 2] .$$

Im Intervall $] - \infty, 0[$ ist f monoton wachsend;

$$f(] - \infty, 0[) =] - \infty, 2[.$$

Als Parabel kann f zu jedem Punkt maximal zwei Urbildpunkte haben.

Die Gleichung $-x^2 + 2 = 1$ liefert

$$f^{-1}(\{1\}) = \{-1, +1\} .$$

2. Eine einfache Methode, die Umkehrfunktion zu bestimmen, besteht darin, $f(x)$ durch y zu ersetzen und dann die Funktionsgleichung nach x aufzulösen. Falls die Ausgangsfunktion nur injektiv und nicht bijektiv ist, müssen wir zudem noch den Definitionsbereich der Umkehrfunktion bestimmen.

f_1 ist eine bijektive Funktion, womit wir uns lediglich auf die Funktionsgleichung konzentrieren können:

$$f_1(x) = y = 3x - 2 \quad \Leftrightarrow \quad x = \frac{1}{3}(y + 2)$$

$$f_1^{-1} : \mathbb{R} \to \mathbb{R} , \quad f_1^{-1}(y) := \frac{1}{3}(y + 2) .$$

f_2 ist zwar injektiv, aber zur Surjektivität müssen wir den Wertebereich auf $W := f_2([1, 3])$ einschränken. Da f_2 eine monoton wachsende Funktion ist und auch zwischendurch keine Funktionswerte auslässt, ergibt sich der Wertebereich zu:

$$W = [f_2(1), f_2(3)] = [3 \cdot 1 - 2, 3 \cdot 3 - 2] = [1, 7] \,.$$

Somit ist

$$f_2^{-1} \colon [1, 7] \to [1, 3], f_2^{-1}(y) := \frac{1}{3}(y + 2) \,.$$

g_1 ist nicht injektiv, denn beispielsweise ist $g_1(-1) = 2 \cdot (-1)^2 + 1 = 2 \cdot 1^2 + 1 = g_1(+1)$. Es gibt hierzu also keine Umkehrfunktion. Eingeschränkt auf den Definitionsbereich $[0, \infty[$ wird g_1 allerdings injektiv. Auch hier müssen wir den Wertebereich einschränken, nämlich auf $g_2([0, \infty[) = [0, \infty[$. Das Umstellen der Funktionsgleichung ergibt

$$g_2(x) = y = 2x^2 + 1 \quad \Leftrightarrow \quad x = \sqrt{\frac{1}{2}(y - 1)} \,,$$

sodass die Umkehrfunktion

$$g_2^{-1} \colon [0, \infty[\to [0, \infty[, g_2^{-1}(y) := \sqrt{\frac{1}{2}(y - 1)}$$

lautet.

3.

$$f \circ g \colon \mathbb{R} \to [0, \infty[\,, \quad (f \circ g)(x) = f(x - 3) = (x - 3)^2$$
$$g \circ f \colon \mathbb{R} \to [-3, \infty[\,, \quad (g \circ f)(x) = g(x^2) = x^2 - 3$$
$$h \circ f \colon \mathbb{R} \to [0, \infty[\,, \quad (h \circ f)(x) = h(x^2) = \sqrt{x^2} = |x|$$
$$f \circ h \colon [0, \infty[\to [0, \infty[\,, \quad (f \circ h)(x) = f(\sqrt{x}) = \sqrt{x}^2 = x$$

(Obwohl das Ergebnis von $f \circ h$ auf ganz $\mathbb{R}$ definiert wäre, wird der Definitionsbereich durch den von h eingeschränkt.)

$$h \circ g \colon [3, \infty[\to [0, \infty[\,, \quad (h \circ g)(x) = h(x - 3) = \sqrt{x - 3}$$

(Bei $h \circ g$ mussten wir den Definitionsbereich von g weiter einschränken, denn für $x < 3$ ist das Ergebnis nicht definiert.)

$$g \circ g \circ h \colon [0, \infty[\to [-6, \infty[\,,$$
$$(g \circ g \circ h)(x) = g(g(\sqrt{x})) = g(\sqrt{x} - 3) = \sqrt{x} - 3 - 3 = \sqrt{x} - 6 \,,$$
$$f \circ g \circ h \colon [0, \infty[\to [0, \infty[\,,$$
$$(f \circ g \circ h)(x) = f(g(\sqrt{x})) = f(\sqrt{x} - 3) = (\sqrt{x} - 3)^2 \,.$$

Injektiv sind $f \circ h$, $h \circ g$ und $g \circ g \circ h$. Bei den anderen Hintereinanderausführungen sorgt das Quadrat dafür, dass Funktionswerte doppelt angenommen werden wie beispielsweise $(f \circ g \circ h)(4) = 1 = (f \circ g \circ h)(16)$.

4.

$$f(x) = \frac{x}{x+1} = g\left(\frac{x+1}{x}\right) = g\left(1 + \frac{1}{x}\right) = g\left(h\left(\frac{1}{x}\right)\right) = g(h(g(x)))$$

Demnach ist $f = g \circ h \circ g$.

5. Die Eigenschaften der f_i und g_i lauten ausgeschrieben:

$$f_i(-x) = f_i(x) , \quad g_i(-x) = -g_i(x) .$$

Damit folgt für die Hintereinanderausführungen:

$$(f_1 \circ f_2)(-x) = f_1(f_2(-x)) = f_1(f_2(x)) = (f_1 \circ f_2)(x) ,$$
$$(g_1 \circ g_2)(-x) = g_1(g_2(-x)) = g_1(-g_2(x)) = -g_1(g_2(x)) = -(g_1 \circ g_2)(x),$$
$$(f_1 \circ g_2)(-x) = f_1(g_2(-x)) = f_1(-g_2(x)) = f_1(g_2(x)) = (f_1 \circ g_2)(x) ,$$
$$(g_1 \circ f_2)(-x) = g_1(f_2(-x)) = g_1(f_2(x)) = (g_1 \circ f_2)(x) .$$

Somit ist $g_1 \circ g_2$ ungerade und alle anderen Hintereinanderausführungen gerade.

Wichtige Funktionen im Überblick

5

ÜBERBLICK

Motivation

>> Wir werden nun einen Blick auf diverse Funktionen werfen, die in den Ingenieur- und Naturwissenschaften immer wieder vorkommen. Wichtige ihrer Eigenschaften werden wir kennenlernen bzw. aus der Schule rekapitulieren, die später teils noch genauer beleuchtet werden. Dieses Kapitel hat einen Übersichtscharakter (angereichert mit einigen Beispielen). Wir verzichten daher auf die strenge Form einer Aneinanderreihung von Definitionen und begleiten Sie auf eine Art Besichtigungstour; es ist die Ruhe vor dem Sturm. <<

5.1 Polynome und rationale Funktionen

5.1.1 Polynome

Polynome sind als Funktionen der Form

$$p(x) := \sum_{k=0}^{n} a_k x^k = a_0 + a_1 x + a_2 x^2 + \cdots + a_n x^n$$

bekannt. Dabei können die *Koeffizienten* a_k reelle oder komplexe Werte annehmen. Als Bausteine von Polynomen können wir die sogenannten *Monome* x^k betrachten. Der höchste auftretende Koeffizient (hier n, falls $a_n \neq 0$) wird als der *Grad* von p bezeichnet. Einen wichtigen Satz wollen wir hier benennen, dessen Beweis wesentlich dem allseits bekannten Carl Friedrich Gauß (1777–1855) zugeschrieben wird; er liefert interessante – und oft verwendete – Aussagen über die Nullstellen von Polynomen.

Fundamentalsatz der Algebra

Für jedes komplexe Polynom $p(x) := a_n x^n + \ldots + a_1 x + a_0$ vom Grad n gibt es eine eindeutige Zerlegung

$$p(x) = a_n(x - x_1)(x - x_2) \ldots (x - x_n) = a_n \prod_{k=1}^{n} (x - x_k)$$

in n Linearfaktoren $(x - x_k)$. Die x_k müssen dabei nicht notwendigerweise verschieden sein. Insbesondere hat jedes Polynom vom Grad n genau n komplexe Nullstellen (mit Vielfachheiten gezählt).

Lassen wir für ein Polynom $p(x) := \sum_{k=0}^{n} a_k x^k$ mit ausschließlich reellen Koeffizienten a_k für x auch komplexe Zahlen zu, so ist mit jeder Nullstelle x_0 auch deren konjugiert komplexe Zahl $\overline{x_0}$ eine Nullstelle:

$$p(\overline{x_0}) = \sum_{k=0}^{n} a_k \overline{x_0}^k = \sum_{k=0}^{n} \overline{a_k} \overline{x_0}^k = \overline{\sum_{k=0}^{n} a_k x_0^k} = \overline{0} = 0 \ .$$

Anders ausgedrückt treten die Nullstellen von Polynomen mit rein reellen Koeffizienten stets in komplex konjugierten Paaren auf. Bei reellen Nullstellen ergibt die komplexe Konjugation natürlich nichts Neues. Das hier gewonnene Wissen erspart uns in vielen Fällen unnötige Rechenarbeit.

Bei komplexen Nullstellen zerfällt nun das Polynom u. a. in die Faktoren $(x - x_0)$ und $(x - \overline{x_0})$. Multiplizieren wir diese wieder miteinander, ergeben sich rein reelle, quadratische Terme:

$$(x - x_0)(x - \overline{x_0}) = x^2 - (x_0 + \overline{x_0})x + x_0\overline{x_0} = x^2 - 2\,\mathrm{Re}(x_0)x + |x_0|^2 \ .$$

Verbinden wir diese Erkenntnis mit dem Fundamentalsatz der Algebra, so kann jedes reelle Polynom in reelle lineare und reelle quadratische Faktoren zerlegt werden:

$$p(x) = a_n \prod_{j=1}^{m} (x - x_j)^{k_j} \prod_{j=m+1}^{\tilde{m}} (x^2 + b_j x + c_j)^{k_j} \ .$$

Diesmal haben wir mit den k_j die Vielfachheiten der einzelnen Faktoren ausgeschrieben.

5.1.2 Rationale Funktionen

Den Bruch zweier Polynome $f(z) := \frac{p(z)}{q(z)}$ nennen wir *rationale Funktion*. Die Nullstellen von f sind identisch mit denen des Zählerpolynoms p. An den Nullstellen des Nennerpolynoms q hingegen ist f nicht definiert. Solche Punkte nennen wir *Pole*.

Polynomdivision

In vielen Fällen ist die Darstellung einer rationalen Funktion unnötig kompliziert, denn ähnlich wie zwei reelle Zahlen können wir auch Polynome dividieren. Nur hören wir erst einmal auf, wenn der Rest (das Restpolynom) nach einem Divisionsschritt einen kleineren Grad als das Nennerpolynom hat. Was hier passiert, sehen wir bereits erschöpfend an folgendem Beispiel. Wir möchten zuvor allerdings noch bemerken, dass Leonhard Euler (1707–1783), der großartige Mathematiker aus der Schweiz, die Polynomdivision auf wunderbare Weise in seinem Buch „Vollständige Anleitung zur Algebra" erläutert.

Beispiel

$$(x^3 + 2x^2 + 3x + 4) : (x - 1) = x^2 + 3x + 6 + \frac{10}{x - 1}$$

$$\underline{-(x^3 - x^2)}$$
$$\qquad 3x^2 + 3x + 4$$
$$\qquad \underline{-(3x^2 - 3x)}$$
$$\qquad\qquad 6x + 4$$
$$\qquad\qquad \underline{-(6x - 6)}$$
$$\qquad\qquad\qquad 10$$

Partialbruchzerlegung

Nun wollen wir uns auf die Zerlegung des Restterms konzentrieren. Auf den ersten Blick mag die Mühe groß und das Ergebnis nicht wirklich einfacher erscheinen, aber dies wird uns später die Möglichkeit geben, beliebige rationale Funktionen zu integrieren.

Der Rest einer Polynomdivision ist eine rationale Funktion $r(z) := \frac{p(z)}{q(z)}$, deren Zählerpolynom p einen niedrigeren Grad aufweist als das Nennerpolynom q. Wir zerlegen q in seine Faktoren

$$q(x) = a \prod_{j=1}^{m} (x - a_j)^{k_j} \prod_{j=m+1}^{n} (x^2 + b_j x + c_j)^{k_j},$$

indem wir dessen Nullstellen bestimmen. Ziel der Partialbruchzerlegung ist es, den Restterm in eine Summe mehrerer Brüche zu zerlegen, deren Zähler und Nenner dafür möglichst geringe Grade haben. Wenige Kriterien, die wir bald kennenlernen werden, geben uns die Möglichkeit, die Zerlegung zu „erraten", wobei nur noch einige unbekannte Koeffizienten berechnet werden müssen. Wir zeigen dies zunächst an einigen einfachen Beispielen:

Beispiel

■ Für $r(x) := \dfrac{x+3}{(x-2)^2}$ wählen (raten) wir den Ansatz $r(x) = \dfrac{A_1}{x-2} + \dfrac{A_2}{(x-2)^2}$.

Die beiden Darstellungen für r setzen wir gleich und machen einen Koeffizientenvergleich:

$$\frac{x+3}{(x-2)^2} = \frac{A_1}{x-2} + \frac{A_2}{(x-2)^2} = \frac{A_1(x-2) + A_2}{(x-2)^2}$$

$$\Rightarrow \quad x+3 = A_1(x-2) + A_2 = A_1 x + (A_2 - 2A_1)$$

$$\Rightarrow \quad 1 = A_1 \quad \text{und} \quad 3 = A_2 - 2A_1$$

$$\Rightarrow \quad A_1 = 1 \quad \text{und} \quad A_2 = 5$$

Somit ist $r(x) := \dfrac{x+3}{(x-2)^2} = \dfrac{1}{x-2} + \dfrac{5}{(x-2)^2}$.

■ Für $r(x) := \dfrac{x^2+3}{(x^2+x+2)^2}$ wählen wir den Ansatz

$$r(x) = \frac{B_1 x + C_1}{x^2+x+2} + \frac{B_2 x + C_2}{(x^2+x+2)^2}.$$

Es folgt mit Koeffizientenvergleich:

$$\frac{x^2+3}{(x^2+x+2)^2} = \frac{B_1 x + C_1}{x^2+x+2} + \frac{B_2 x + C_2}{(x^2+x+2)^2}$$

$$= \frac{(B_1 x + C_1)(x^2+x+2) + B_2 x + C_2}{(x^2+x+2)^2}$$

$$x^2 + 3 = (B_1 x + C_1)(x^2+x+2) + B_2 x + C_2$$

$$\Rightarrow \qquad = B_1 x^3 + (B_1 + C_1)x^2 + (2B_1 + C_1 + B_2)x + (2C_1 + C_2)$$

$$\Rightarrow \quad 0 = B_1, \quad 1 = B_1 + C_1, \quad 0 = 2B_1 + C_1 + B_2 \quad \text{und} \quad 3 = 2C_1 + C_2$$

$$\Rightarrow \quad B_1 = 0, \quad C_1 = 1, \quad B_2 = -1 \quad \text{und} \quad C_2 = 1\,.$$

Somit ist $r(x) := \dfrac{x^2+3}{(x^2+x+2)^2} = \dfrac{1}{x^2+x+2} + \dfrac{-x+1}{(x^2+x+2)^2}$.

Wir stellen also stets einen Ansatz in der Form, die wir uns als Ziel wünschen, auf. Für jeden Faktor $(x-a)^k$ des Nennerpolynoms q enthält der Ansatz die Terme

$$\frac{A_1}{x-a} + \frac{A_2}{(x-a)^2} + \ldots + \frac{A_k}{(x-a)^k}$$

und für jeden Faktor $(x^2 + bx + c)^k$ des Nennerpolynoms q enthält der Ansatz die Terme

$$\frac{B_1 x + C_1}{x^2+bx+c} + \frac{B_2 x + C_2}{(x^2+bx+c)^2} + \ldots + \frac{B_k x + C_k}{(x^2+bx+c)^k}\,.$$

Nach dieser Vorschrift fügen wir für jeden Faktor von q dem Ansatz weitere Summanden hinzu. Aber Vorsicht: Die unterschiedlichen Summanden müssen auch unterschiedliche Unbekannte im Zähler enthalten. Dann bringen wir sämtliche Summanden des Ansatzes auf den gleichen Nenner, also auf q. Schließlich setzen wir den Restterm r und den Ansatz gleich und berechnen mittels Koeffizientenvergleich der Zählerpolynome die Unbekannten.

Das war eventuell etwas schwer zu durchschauen, aber keine Sorge, die nächste Berechnung bringt es nochmals in praktischer Form auf den Punkt:

▌ Beispiel

Wir wollen den Prozess an einem etwas komplexeren Beispiel veranschaulichen, indem wir die rationale Funktion

$$f(x) := \frac{x^4}{(x^2 - 1)^2}$$

zerlegen. Da der Grad des Zählerpolynoms nicht kleiner als der des Nennerpolynoms ist (beide Grade sind 4), brauchen wir zunächst eine Polynomdivision:

$$(x^4 \qquad) : (x^4 - 2x^2 + 1) = 1 + \frac{2x^2 - 1}{x^4 - 2x^2 + 1}$$

$$\underline{-(x^4 - 2x^2 + 1)}$$

$$2x^2 - 1 \quad .$$

Nun zur Partialbruchzerlegung des Restterms $r(x) = \dfrac{2x^2 - 1}{x^4 - 2x^2 + 1}$. Die Faktorisierung des Nenners sehen wir bereits teilweise in der Ausgangsfunktion: $q(x) = x^4 - 2x^2 + 1 = (x^2 - 1)^2 = (x+1)^2(x-1)^2$. Demnach wird der Ansatz für die Partialbruchzerlegung die Form

$$r(x) = \frac{A_1}{x + 1} + \frac{A_2}{(x + 1)^2} + \frac{B_1}{x - 1} + \frac{B_2}{(x - 1)^2}$$

haben.

Es folgt:

$$\frac{2x^2 - 1}{(x+1)^2(x-1)^2} = \frac{A_1}{x+1} + \frac{A_2}{(x+1)^2} + \frac{B_1}{x-1} + \frac{B_2}{(x-1)^2}$$

$$= \frac{A_1(x+1)(x-1)^2 + A_2(x-1)^2 + B_1(x+1)^2(x-1) + B_2(x+1)^2}{(x+1)^2(x-1)^2}$$

$$\Rightarrow \quad 2x^2 - 1 = A_1(x+1)(x-1)^2 + A_2(x-1)^2$$
$$+ B_1(x+1)^2(x-1) + B_2(x+1)^2$$
$$= A_1(x^3 - x^2 - x + 1) + A_2(x^2 - 2x + 1)$$
$$+ B_1(x^3 + x^2 - x - 1) + B_2(x^2 + 2x + 1)$$
$$= (A_1 + B_1)x^3 + (-A_1 + A_2 + B_1 + B_2)x^2$$
$$+ (-A_1 - 2A_2 - B_1 + 2B_2)x + (A_1 + A_2 - B_1 + B_2)$$

$$\Rightarrow \quad 0 = A_1 + B_1, \quad 2 = -A_1 + A_2 + B_1 + B_2,$$
$$0 = -A_1 - 2A_2 - B_1 + 2B_2 \quad \text{und} \quad -1 = A_1 + A_2 - B_1 + B_2$$

$$\Rightarrow \quad A_1 = -\frac{3}{4}, \quad A_2 = \frac{1}{4}, \quad B_1 = \frac{3}{4} \quad \text{und} \quad B_2 = \frac{1}{4}.$$

Somit ist

$$f(x) = 1 + \frac{1}{4}\left(\frac{-3}{x+1} + \frac{1}{(x+1)^2} + \frac{3}{x-1} + \frac{1}{(x-1)^2}\right).$$

5.2   Sinus, Kosinus und Tangens

Schwingungsprozesse tauchen besonders in der Physik und in den Ingenieur-wissenschaften sehr häufig auf. Grund genug, die sie beschreibenden Funktionen mit eigenen Namen – Sinus und Kosinus (sin und cos) – zu versehen und näher zu untersuchen. Die Funktionsgraphen sehen wir in den folgenden Bildern.

Weiterhin stellen wir fest, dass beide Funktionen durch Verschieben (um $\frac{\pi}{2}$) inein-ander übergehen, 2π-periodisch sind und folgende Nullstellen haben:

- $\sin t = 0$ für $k\pi$, $k \in \mathbb{Z}$,

- $\cos t = 0$ für $\frac{\pi}{2} + k\pi$, $k \in \mathbb{Z}$.

Manchmal schreiben wir auch $\sin(t)$ bzw. $\cos(t)$, um das Argument t noch deutlicher zu machen, was aber zumeist nur sinnvoll ist, wenn das Argument etwas länger ist, z. B. bei $\sin(4\pi t - 2)$.

Es gilt die Gleichung

$$\sin^2 t + \cos^2 t = 1,$$

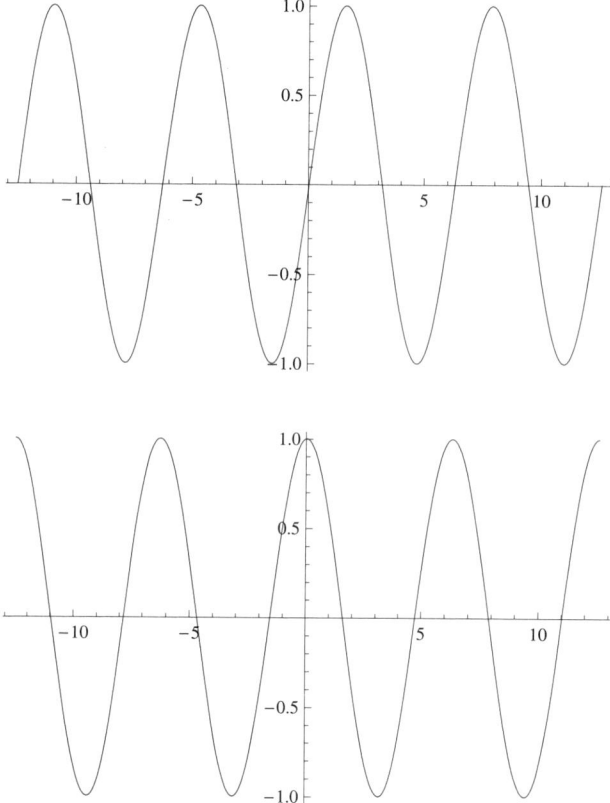

Abbildung 5.1: Oben der Sinus, unten der Kosinus

die auch als *Eulergleichung* (nach Euler wurde vieles, teils nicht immer eindeutig, benannt) bekannt ist.

Aus den behandelten Funktionen können wir eine neue konstruieren, den Tangens:

$$\tan t := \frac{\sin t}{\cos t} \, .$$

Dieser hat die gleichen Nullstellen wie der Sinus und sein „gestückeltes" Bild ergibt sich daraus, dass der Kosinus natürlich die bereits erwähnten Nullstellen hat.

Für die hier eingeführten Funktionen gelten die sogenannten Additionstheoreme, die oft nützlich sind.

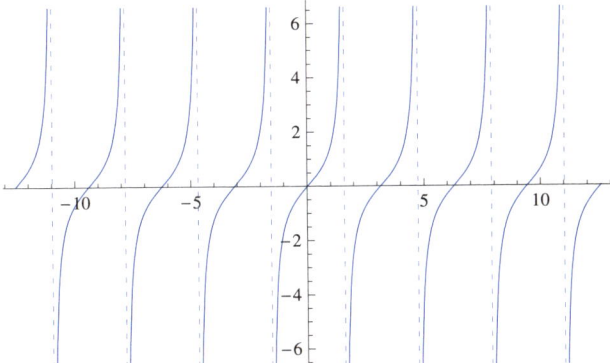

Abbildung 5.2: Tangens

5.2.1 Einige Additionstheoreme

$$\sin(x + y) = \sin x \, \cos y + \sin y \, \cos x$$
$$\sin(x - y) = \sin x \, \cos y - \sin y \, \cos x$$
$$\cos(x + y) = \cos x \, \cos y - \sin x \, \sin y$$
$$\cos(x - y) = \cos x \, \cos y + \sin x \, \sin y$$
$$\tan(x + y) = \frac{\tan x + \tan y}{1 - \tan x \, \tan y} = \frac{\sin(x + y)}{\cos(x + y)}$$
$$\tan(x - y) = \frac{\tan x - \tan y}{1 + \tan x \, \tan y} = \frac{\sin(x - y)}{\cos(x - y)}$$

Von diesen finden wir in diversen Formelsammlungen noch deutlich mehr. Aber bitte beachten Sie, dass sich viele dieser Gleichungen durch das herleiten lassen, was wir noch über die dortigen Darstellungen des Sinus und Kosinus lernen.

5.3 Exponentialfunktion und Logarithmus

Mit der *Exponentialfunktion* haben Sie bereits mehrfach im Mathematikunterricht gerechnet, und damit war dort e^x mit einem reellen Exponenten x gemeint und $e = 2,71828\ldots$ ist die Eulersche Zahl. Damit haben Sie nicht die ganze Wahrheit erfahren, wie wir später genauer sehen werden, denn es gibt noch Verborgenes, was von Bedeutung ist. So wird die allgemeine Potenz a^x für eine reelle Zahl a gerade über die Exponentialfunktion definiert, womit sich dann für $a = e$ der Kreis unangenehm schließt, ohne dass wirklich etwas beantwortet wurde. Dafür ist aber hier nicht der richtige Ort, wir hatten ja einen Überblick angekündigt und keine tiefen Überlegungen. Daher pochen wir auf die Anwendung der intuitiven Verwendung der Dinge und begnügen uns mit der Erinnerung an e^x über den Funktionsgraphen.

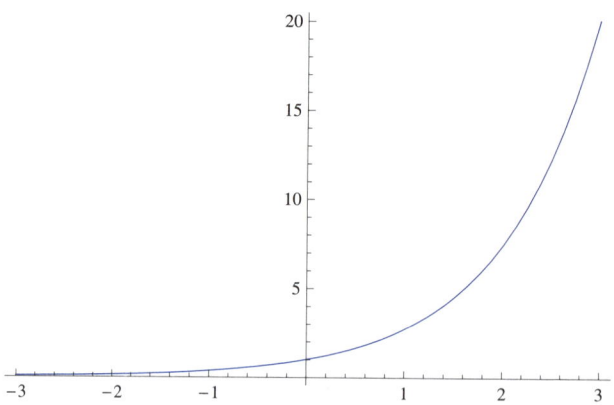

Abbildung 5.3: Exponentialfunktion

Die Umkehrfunktion der Exponentialfunktion $f(x) := e^x$ ist der sogenannte *natürliche Logarithmus* $f^{-1}(x) = \ln x$, es gilt also

$$e^{\ln x} = x \quad \text{und} \quad \ln e^x = x.$$

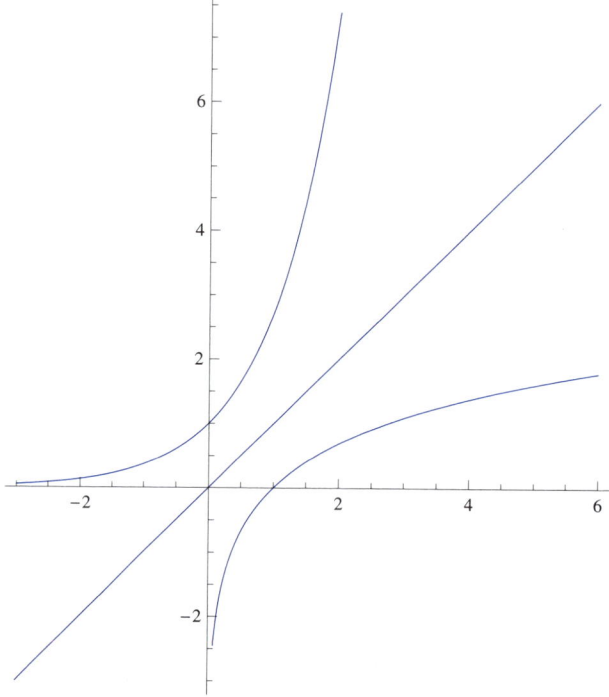

Abbildung 5.4: Exponential- und Logarithmusfunktion

Hier erkennen wir sehr gut, dass eine Spiegelung an der Winkelhalbierenden zur Umkehrfunktion auf graphischem Wege führt.

Die allgemeine Potenz a^x mit $a > 0$ wird über die Exponentialfunktion definiert:

$$a^x := e^{x \ln a} \, .$$

Die Umkehrfunktion von a^x ist der Logarithmus zur Basis a und wird mit $\log_a x$ notiert.

Bemerkung

Wie bereits angekündigt, ist die Definition der allgemeinen Potenz über die Exponentialfunktion nur sinnvoll, wenn wir die Exponentialfunktion nicht wieder als Spezialfall der allgemeinen Potenz definieren, sondern irgendwo anders herbekommen. Eine Möglichkeit werden wir im Kapitel über Potenzreihen kennenlernen. ▪

5.3.1 Potenz- und Logarithmusgesetze

In Ihrem bisherigen Leben haben Sie bereits oft damit arbeiten müssen, aber es schadet zur Abrundung dieses Kapitels nicht, einige übliche Regeln in kompakter Form zu listen. Für natürliche Exponenten und beliebiges $a \in \mathbb{R}$ kennen wir:

$$a^n := \underbrace{a \cdot a \cdot a \cdots a}_{n \text{ Faktoren}} \, .$$

Seien $a, b > 0$ und $r, s \in \mathbb{R}$:

$$a^0 = 1 \quad (\text{speziell auch } 0^0 = 1)$$
$$a^{-s} = \frac{1}{a^s}$$
$$a^{r+s} = a^r a^s$$
$$a^{r-s} = \frac{a^r}{a^s}$$
$$(a^r)^s = a^{rs}$$
$$(ab)^r = a^r b^r$$
$$\left(\frac{a}{b}\right)^r = \frac{a^r}{b^r}$$

Seien $a, x, y > 0$:

$$\log_a xy = \log_a x + \log_a y$$
$$\log_a x^y = y \log_a x$$
$$\log_a \frac{x}{y} = \log_a x - \log_a y$$

Diese Rechenregeln gelten speziell für die Exponentialfunktion bzw. den natürlichen Logarithmus.

5.4   Weitere wichtige Funktionen

Über die Exponentialfunktion lassen sich durch Umstellen der Eulerformel $e^{ix} = \cos x + i \sin x$ Sinus und Kosinus konstruieren:

$$\sin x = \frac{1}{2i} \left(e^{ix} - e^{-ix} \right) \quad \text{und} \quad \cos x = \frac{1}{2} \left(e^{ix} + e^{-ix} \right) .$$

Das ist sehr nützlich, denn rechnen wir mit den komplexen Exponenten ix wie gewohnt, dann ergeben sich z. B. die Additionstheoreme sehr leicht.

▐ Beispiel

Wir zeigen $\cos(x + y) = \cos x \, \cos y - \sin x \, \sin y$ unter Verwendung bekannter Potenzregeln, dabei nennen wir die rechte Seite R, die linke L:

$$\begin{aligned}
R =& \frac{1}{4} \left(e^{ix} + e^{-ix} \right) \left(e^{iy} + e^{-iy} \right) + \frac{1}{4} \left(e^{ix} - e^{-ix} \right) \left(e^{iy} - e^{-iy} \right) \\
=& \frac{1}{4} \left(e^{i(x+y)} + e^{i(x-y)} + e^{i(-x+y)} + e^{-i(x+y)} \right) \\
& + \frac{1}{4} \left(e^{i(x+y)} - e^{i(x-y)} - e^{i(-x+y)} + e^{-i(x+y)} \right) \\
=& \frac{1}{2} \left(e^{i(x+y)} + e^{-i(x+y)} \right) \\
=& L
\end{aligned}$$

Ähnlich definieren wir die Funktionen *Sinus Hyperbolicus* sinh und *Kosinus Hyperbolicus* cosh über

$$\sinh x := \frac{1}{2}\left(e^x - e^{-x}\right) \quad \text{und} \quad \cosh x := \frac{1}{2}\left(e^x + e^{-x}\right) \, .$$

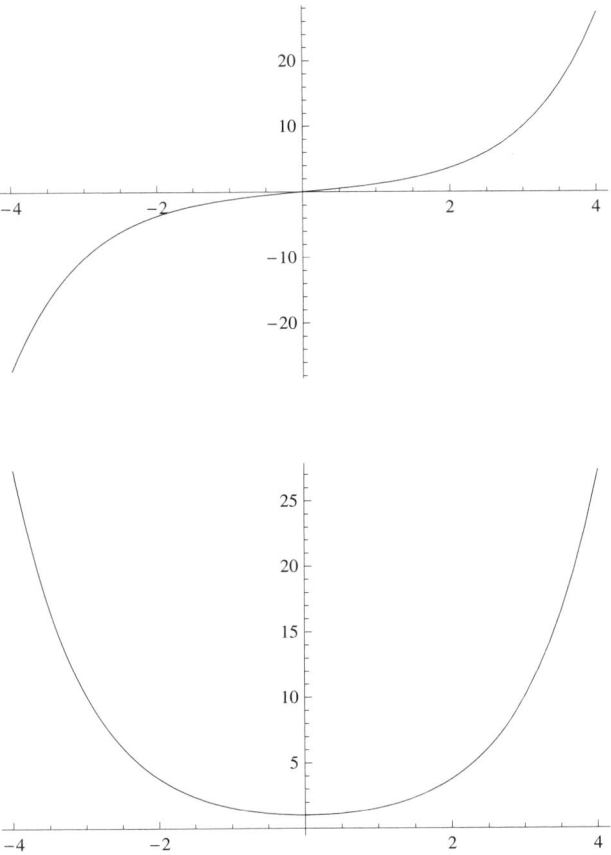

Abbildung 5.5: Oben der Sinushyperbolicus, unten der Kosinushyperbolicus

Durch Umformen erhalten wir ein Analogon zur Eulerformel:

$$e^x = \cosh x - \sinh x \, .$$

Umkehrfunktionen Arcussinus und Arcuskosinus

$$\arcsin := \sin^{-1} \quad \text{und} \quad \arccos := \cos^{-1}$$

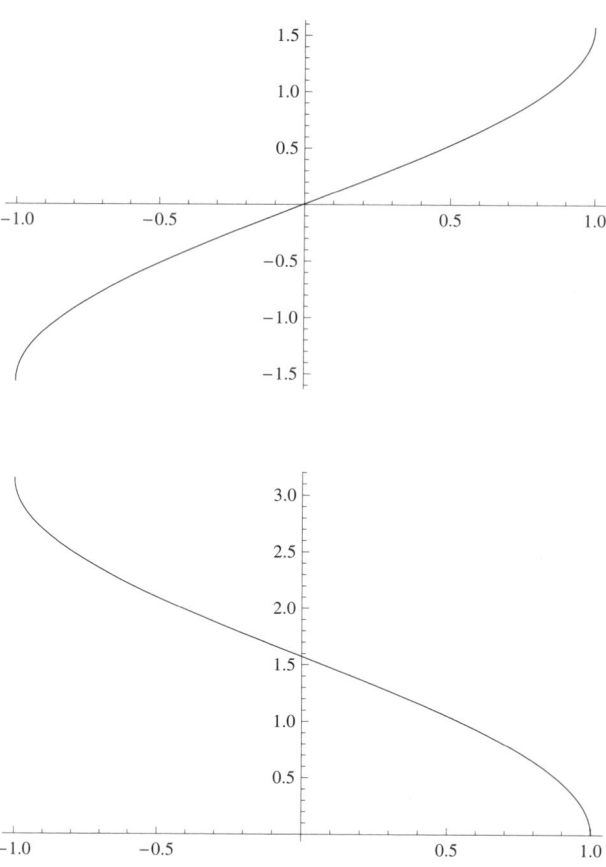

Abbildung 5.6: Oben der Arcussinus, unten der Arcuskosinus

bzw. Areasinus Hyperbolicus und Areakosinus Hyperbolicus und schließlich die Kehrwertfunktion des Tangens, der Kotangens:

$$\operatorname{arsinh} := \sinh^{-1} \quad \text{und} \quad \operatorname{arcosh} := \cosh^{-1}.$$

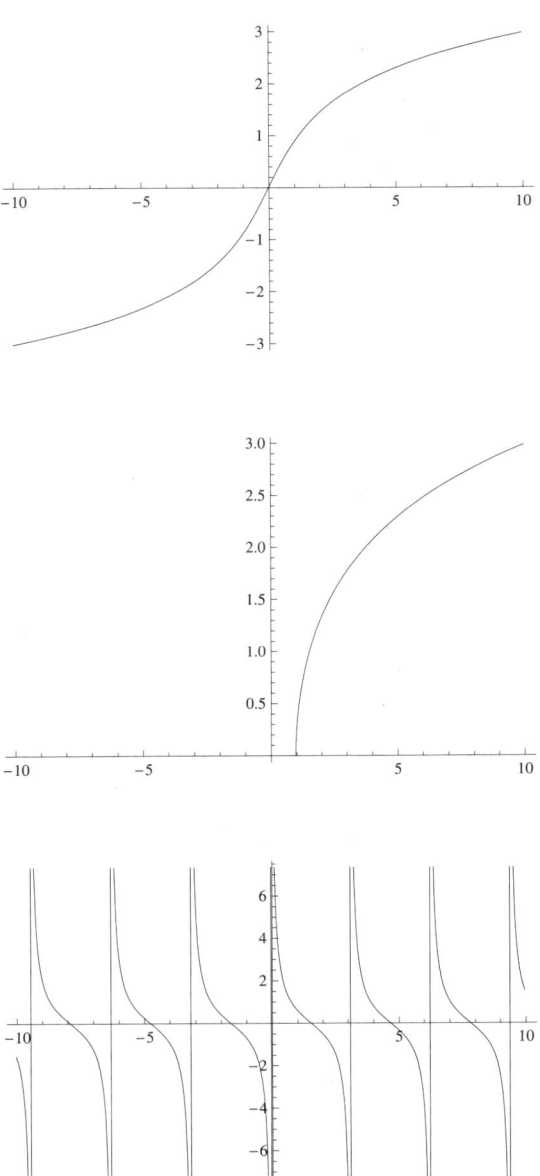

Abbildung 5.7: Von oben: Areasinus Hyperbolicus, Areakosinus Hyperbolicus, Kotangens

Einige Fragen

- Was ist ein Polynom?

- Lässt sich jedes Polynom in Linearfaktoren zerlegen?

- Was lässt sich allgemein über den Definitionsbereich rationaler Funktionen sagen?

- Erklären Sie an einem Beispiel Polynomdivision und Partialbruchzerlegung.

- Erklären Sie den Zusammenhang zwischen Sinus, Kosinus und Tangens. Fertigen Sie Skizzen an und benennen Sie die Nullstellen.

- Woraus lassen sich die Additionstheoreme zumeist einfach herleiten?

- Wie lautet der Zusammenhang zwischen Logarithmus und Exponentialfunktion?

- Kennen Sie weitere wichtige Funktionen?

Aufgaben

1. Berechnen Sie alle (reellen und komplexen) Nullstellen von
$$P(x) := x^3 - (1 + 2i)x^2 - (1 - 2i)x + 1 .$$

2. Zerlegen Sie folgendes Polynom in seine Linearfaktoren:
$$P(x) := x^5 - 3x^4 + 3x^3 - 3x^2 + 2x .$$

Hinweis: Das Polynom hat eine Nullstelle bei $x_0 = i$.

3. Führen Sie eine Partialbruchzerlegung des folgenden Bruches durch:
$$\frac{x^4 - 3x^3 - x^2 + 11x - 4}{x^2 - x - 6} .$$

4. Bestimmen Sie für beliebige $n \in \mathbb{N}$ den Wert der Summe
$$\sum_{k=1}^{n} \ln\left(1 + \frac{1}{k}\right) .$$

5. Beweisen Sie die Additionstheoreme
$$\sin(x + y) = \sin x \, \cos y + \cos x \, \sin y$$
$$\cos(x + y) = \cos x \, \cos y - \sin x \, \sin y$$

mithilfe der Darstellung von Sinus und Kosinus über die Exponentialfunktion.

Lösungen

1. Bei quadratischen Polynomen könnten wir mit der p-q-Formel arbeiten. Der höchste Exponent ist hier aber nicht zwei, sondern drei, sodass wir die erste Nullstelle erraten müssen. Ein bewährtes Vorgehen (besonders in Klausuren) ist das Testen von 0, 1, -1 und vielleicht noch $\pm i$ und ± 2. Wir setzen also nacheinander diese Zahlen in das Polynom ein und sobald wir die erste Nullstelle gefunden haben, können wir mit der p-q-Formel weiterarbeiten.

$$P(0) = 0^3 - (1 + 2i)0^2 - (1 - 2i)0 + 1 = 1 \neq 0,$$
$$P(1) = 1^3 - (1 + 2i)1^2 - (1 - 2i)1 + 1 = 1 - 1 - 2i - 1 + 2i + 1 = 0 \,.$$

Somit ist 1 eine Nullstelle des Polynoms. Nun teilen wir P durch $(x - 1)$ und arbeiten mit dem quadratischen Polynom weiter.

$$
\begin{array}{l}
(x^3 - (1 + 2i)x^2 - (1 - 2i)x + 1) : (x - 1) = x^2 - 2ix - 1 \\
\underline{-(x^3 - \qquad\quad x^2)} \\
\qquad\quad -2ix^2 - (1 - 2i)x + 1 \\
\qquad\quad \underline{-(-2ix^2 + \quad 2i\ x)} \\
\qquad\qquad\qquad\qquad -x + 1 \\
\qquad\qquad\qquad\qquad \underline{-(-x + 1)} \\
\qquad\qquad\qquad\qquad\qquad 0
\end{array}
$$

Die Polynomdivision muss ohne Rest aufgehen, sonst wäre 1 keine Nullstelle von P. Auf das Ergebnis wenden wir nun die p-q-Formel (mit $p = -2i$, $q = -1$) an:

$$x^2 - 2ix - 1 = 0 \quad \Leftrightarrow \quad x_{1,2} = i \pm \sqrt{(i)^2 + 1} = i \,.$$

Damit sind 1, i und nochmals i die Nullstellen von P. Das Polynom können wir somit folgendermaßen zerlegen:

$$Q(x) = x^3 - x^2 - 2ix^2 - x + 2ix + 1 = (x - 1)(x^2 - 2ix - 1)$$
$$= (x - 1)(x - i)(x - i) \,.$$

2.

$$P(x) := x^5 - 3x^4 + 3x^3 - 3x^2 + 2x \,.$$

Von der Vorgehensweise her ist es egal, ob wir die Nullstellen oder die Linearfaktoren eines Polynoms bestimmen, denn jede Nullstelle λ entspricht im Komplexen einem Linearfaktor $(x-\lambda)$. Der Hinweis, dass i eine Nullstelle ist, gibt uns also schon den ersten der fünf Linearfaktoren: $(x - i)$. Weiterhin hat das Polynom ausschließlich reelle Koeffizienten, sodass mit i auch $-i$ Nullstelle und somit $(x + i)$ Linearfaktor ist. Ein Blick auf das Polynom liefert uns als dritten Linearfaktor x, denn x kann einfach ausgeklammert werden:

$$P(x) := x^5 - 3x^4 + 3x^3 - 3x^2 + 2x = x\left(x^4 - 3x^3 + 3x^2 - 3x + 2\right).$$

Teilen wir den letzten Faktor durch $(x - i)$ und $(x + i)$, bleibt noch ein quadratisches Polynom, welches wir mithilfe der p-q-Formel zerlegen können. Doch anstatt die beiden Polynomdivisionen hintereinander durchzuführen, ist es einfacher, gleich durch $(x - i)(x + i) = (x^2 + 1)$ zu teilen:

$$
\begin{array}{l}
(x^4 - 3x^3 + 3x^2 - 3x + 2) : (x^2 + 1) = x^2 - 3x + 2 \\
\underline{-(x^4 \qquad + \ x^2)} \\
\qquad -3x^3 + 2x^2 - 3x + 2 \\
\qquad \underline{-(-3x^3 \qquad - 3x)} \\
\qquad\qquad\quad 2x^2 \qquad + 2 \\
\qquad\qquad\quad \underline{-(2x^2 \qquad + 2)} \\
\qquad\qquad\qquad\qquad\qquad 0 \ .
\end{array}
$$

Schließlich sind die beiden restlichen Nullstellen 1 und 2:

$$x^2 - 3x + 2 = 0 \, (p = -3, \, q = 2) \quad \Leftrightarrow \quad x_{1,2} = \frac{3}{2} \pm \sqrt{\frac{9}{4} - 2} = \frac{3}{2} \pm \sqrt{\frac{1}{4}} = \frac{3}{2} \pm \frac{1}{2},$$

sodass die Zerlegung von P in Linearfaktoren so aussieht:

$$P(x) := x^5 - 3x^4 + 3x^3 - 3x^2 + 2x = x(x - i)(x + i)(x - 1)(x - 2).$$

Wäre die Aufgabe gewesen, P im Reellen so weit wie möglich zu zerlegen, müssten wir nur noch die komplexen Linearfaktoren $(x - i)$ und $(x + i)$ miteinander multiplizieren:

$$P(x) := x^5 - 3x^4 + 3x^3 - 3x^2 + 2x = x(x^2 + 1)(x - 1)(x - 2).$$

3. Bei diesem Bruch müssen wir zunächst eine Polynomdivision durchführen, da das Zählerpolynom einen höheren Grad hat als das Nennerpolynom:

$$
\begin{array}{l}
(x^4 - 3x^3 - x^2 + 11x - 4) : (x^2 - x - 6) = x^2 - 2x + 3 + \dfrac{2x + 14}{x^2 - x - 6} \\[2mm]
\underline{-(x^4 - x^3 - 6x^2)} \\
\quad -2x^3 + 5x^2 + 11x - 4 \\
\quad \underline{-(-2x^3 + 2x^2 + 12x)} \\
\qquad\qquad 3x^2 - x - 4 \\
\qquad\quad \underline{-(3x^2 - 3x - 18)} \\
\qquad\qquad\qquad 2x + 14 \ .
\end{array}
$$

Das Nennerpolynom faktorisieren wir zu

$$x^2 - x - 6 = (x+2)(x-3) \, .$$

Den Restterm zerlegen wir mit dem Ansatz

$$\frac{2x+14}{x^2-x-6} = \frac{A}{x+2} + \frac{B}{x-3}$$

und rechnen weiter

$$
\begin{aligned}
&= \frac{A(x-3)}{(x+2)(x-3)} + \frac{B(x+2)}{(x-3)(x+2)} \\
&= \frac{Ax - 3A + Bx + 2B}{x^2 - x - 6} \\
&= \frac{(A+B)x + (2B - 3A)}{x^2 - x - 6} \, .
\end{aligned}
$$

Koeffizientenvergleich ergibt

$$A + B = 2, \quad 2B - 3A = 14$$
$$\Rightarrow \quad A = -2, \quad B = 4 \, ,$$

womit wir die Partialbruchzerlegung

$$\frac{2x+14}{x^2-x-6} = -\frac{2}{x+2} + \frac{4}{x-3}$$

erhalten und die Zerlegung der anfänglichen rationalen Funktion lautet

$$\frac{x^4 - 3x^3 - x^2 + 11x - 4}{x^2 - x - 6} = x^2 - 2x + 3 + \frac{4}{x-3} - \frac{2}{x+2} \, .$$

4. Wir bedienen uns hierzu der Logarithmusregel $\ln \frac{a}{b} = \ln a - \ln b$. Dazu fassen wir das Argument des Logarithmus zu einem Bruch zusammen:

$$
\sum_{k=1}^{n} \ln\left(1 + \frac{1}{k}\right) = \sum_{k=1}^{n} \ln\left(\frac{k+1}{k}\right)
$$
$$
= \sum_{k=1}^{n} \big(\ln(k+1) - \ln(k)\big) \, .
$$

Ausgeschrieben sieht diese Summe so aus:

$$(\ln 2 - \ln 1) + (\ln 3 - \ln 2) + (\ln 4 - \ln 3) + \ldots + (\ln n - \ln(n-1))$$
$$+ (\ln(n+1) - \ln n)$$

und es fällt auf, dass sich jeweils der erste Term eines Summanden mit dem zweiten Term des nachfolgenden Summanden aufhebt. Es handelt sich also um eine *Teleskopsumme*. Von der gesamten Summe bleiben also nur $-\ln 1$ des ersten Summanden sowie $\ln(n+1)$ des letzten Summanden übrig, wobei der Erstgenannte sogar 0 ist. Somit ist

$$\sum_{k=1}^{n} \ln\left(1 + \frac{1}{k}\right) = \ln(n+1) \ .$$

5. Wir setzen die Formeln

$$\sin x = \frac{1}{2i}\left(e^{ix} - e^{-ix}\right) \quad \text{und} \quad \cos x = \frac{1}{2}\left(e^{ix} + e^{-ix}\right)$$

links und rechts in die Additionstheoreme ein:

$$\sin(x+y) = \sin x \ \cos y + \cos x \ \sin y$$

$$\Leftrightarrow \quad \frac{1}{2i}\left(e^{i(x+y)} - e^{-i(x+y)}\right) = \frac{1}{2i}\left(e^{ix} - e^{-ix}\right)\frac{1}{2}\left(e^{iy} + e^{-iy}\right)$$
$$+ \frac{1}{2}\left(e^{ix} + e^{-ix}\right)\frac{1}{2i}\left(e^{iy} - e^{-iy}\right)$$

$$\Leftrightarrow \quad e^{i(x+y)} - e^{-i(x+y)} = \frac{1}{2}\left(e^{i(x+y)} + e^{i(x-y)} - e^{i(-x+y)} - e^{i(-x-y)}\right)$$
$$+ \frac{1}{2}\left(e^{i(x+y)} - e^{i(x-y)} + e^{i(-x+y)} - e^{i(-x-y)}\right)$$

$$\Leftrightarrow \quad e^{i(x+y)} - e^{-i(x+y)} = \frac{1}{2}\left(2e^{i(x+y)} - 2e^{i(-x-y)}\right)$$

und

$$\cos(x+y) = \cos x \ \cos y - \sin x \ \sin y$$

$$\Leftrightarrow \quad \frac{1}{2}\left(e^{i(x+y)} + e^{-i(x+y)}\right) = \frac{1}{2}\left(e^{ix} + e^{-ix}\right)\frac{1}{2}\left(e^{iy} + e^{-iy}\right)$$
$$- \frac{1}{2i}\left(e^{ix} - e^{-ix}\right)\frac{1}{2i}\left(e^{iy} - e^{-iy}\right)$$

$$\Leftrightarrow \quad e^{i(x+y)} + e^{-i(x+y)} = \frac{1}{2}\left(e^{i(x+y)} + e^{i(x-y)} + e^{i(-x+y)} + e^{i(-x-y)}\right)$$
$$- \frac{1}{2i^2}\left(e^{i(x+y)} - e^{i(x-y)} - e^{i(-x+y)} + e^{i(-x-y)}\right)$$

$$\Leftrightarrow \quad e^{i(x+y)} + e^{-i(x+y)} = \frac{1}{2}\left(2e^{i(x+y)} + 2e^{i(-x-y)}\right)$$

Folgen

6

ÜBERBLICK

Motivation

》 Welche Zahl kommt nach 1, 2, 4, 8, 16, 32? Wer kennt nicht die Zahlenspiele, bei denen eine Zahlenfolge (hier vorerst naiv betrachtet), von der nur die ersten paar Glieder gegeben sind, nach einem bestimmten Rechenschema weitergeführt werden soll?

In der Mathematik setzen wir nicht zwingend eine kluge Formel voraus, aus der die einzelnen Folgenglieder berechnet werden. Es sind auch völlig beliebige Folgen erlaubt, weshalb das nächste Folgenglied unseres Beispiels auch 42 anstatt der zu vermutenden 64 lauten kann. Andererseits müssen wir im weiteren Verlauf Folgen mathematisch korrekt aufschreiben, mit ihnen rechnen und ihre Eigenschaften bestimmen, weshalb wir es hauptsächlich mit expliziten Berechnungsvorschriften zu tun haben werden.

Aber wofür werden diese Folgen verwendet? Wir werden Folgen wesentlich dafür verwenden, um uns über die Begriffe Konvergenz und Divergenz zu kümmern und Konsequenzen daraus abzuleiten. Wächst also z. B. eine Folge gegen einen beliebigen Wert, der nicht überschritten wird? Kommt sie einem Wert überhaupt beliebig nahe? Ist sie eventuell immer gleich einem festen Wert? Was heißt es eigentlich, dass eine Folge von Zahlen einem Wert beliebig nahe kommt?

Später werden unsere Ergebnisse Hilfsmittel sein, um sich gewissermaßen mit Folgen an bestimmte Werte „anzuschleichen". Folgen werden wir als Grundlage erkennen, die wir z. B. für Begriffe wie Stetigkeit und Differenzierbarkeit benötigen. 《

6.1 Grundlagen

> ### Definition: Folge
>
> Eine reelle bzw. komplexe *Folge* (x_n) ist eine Abbildung von $\mathbb{N}$ nach $\mathbb{R}$ bzw. $\mathbb{C}$. Jedem Index $n \in \mathbb{N}$ wird dabei eine reelle bzw. komplexe Zahl x_n zugeordnet.

Hier klingt es eventuell überraschend, dass eine Folge eine Abbildung sein soll, wo wir doch eigentlich vermutet haben, dass man die einzelnen Glieder einer Folge wirklich in der in der Motivation gegebenen Form auflisten kann; jedenfalls endlich viele der Folgenglieder.Wir schreiben eine Folge aber auch nicht in der für Funktionen typischen Schreibweise $f(n) := 1 - \frac{1}{n}$ auf, sondern in der Form $x_n := 1 - \frac{1}{n}$. Der Zahl $n = 1$ wird hier $x_1 = 1 - \frac{1}{1} = 0$ zugeordnet, der Zahl 2 der Wert $x_2 = 1 - \frac{1}{2} = \frac{1}{2}$ usw. Das ergibt dann in einer Auflistung wie oben gerade $0, \frac{1}{2}, \dots$.

Wir müssen noch beachten, dass die Folge an sich in Klammern geschrieben wird, also wie in der Definition, beispielsweise $\left(1 - \frac{1}{n}\right)$. Schreiben wir diese ohne Klammern, meinen wir gewöhnlich die einzelnen Folgenglieder, also die x_n selbst, wie gerade verwendet. Einige Autoren schreiben statt (x_n) auch $(x_n)_{n \in \mathbb{N}}$. Das ist sehr korrekt, aber für den Alltag auch etwas lang. Ohne den Zusatz müssen wir allerdings beachten, dass für $n = 0$ in unserer Folge $x_n = 1 - \frac{1}{n}$ das Folgenglied x_0 gar nicht definiert ist! In solchen Fällen dürfen wir die Folge auch später, etwa bei $n = 1$ beginnen lassen, ohne dies explizit zu erwähnen.

Es gibt auch sogenannte *Teilfolgen*. So lassen sich aus der Folge (x_n) mit $x_n := \frac{1}{n}$ beispielsweise die Folgenglieder mit geradem Index aussortieren, was dann durch $x_{2n} = \frac{1}{2n}$ geschieht.

Bemerkung

Wenn wir offenlassen wollen, ob die Folgenglieder in $\mathbb{R}$ oder in $\mathbb{C}$ liegen, schreiben wir abkürzend $\mathbb{K}$ anstelle der beiden Mengen. ■

6.2 Konvergenz und Divergenz

Definition: Konvergenz, Grenzwert, Nullfolge

Eine Folge (x_n) heißt *konvergent* gegen einen *Grenzwert* $a \in \mathbb{K}$, wenn es zu jedem $\varepsilon > 0$ ein $N \in \mathbb{N}$ gibt, sodass für alle Indizes $n \geq N$ die Ungleichung $|x_n - a| < \varepsilon$ gilt. Wir schreiben in diesem Fall

$$\lim_{n \to \infty} x_n = a$$

(gelesen: „Limes von x_n für n gegen unendlich") oder auch

$$x_n \to a \,.$$

Eine Folge mit Grenzwert 0 heißt *Nullfolge*.

Die Ungleichung $|x_n - a| < \varepsilon$ können wir im Reellen, also für $\mathbb{K} = \mathbb{R}$, auch umformulieren zu

$$x_n \in]a - \varepsilon, a + \varepsilon[\,,$$

denn der Betrag gibt ja den Abstand zwischen x_n und a an. Eine Folge ist demnach konvergent gegen a, wenn sich in jedem noch so kleinen Intervall um a fast alle

Folgenglieder befinden. Die Phrase „fast alle" wollen wir im Folgenden immer wieder gebrauchen und meinen stets das Gleiche wie in der Definition, nämlich dass es anfangs durchaus Ausreißer geben kann, später – mit Index oberhalb eines $N \in \mathbb{N}$ – aber nicht mehr. Dies ist natürlich nur für unendlich viele Teilnehmer (die x_n) sinnvoll. Man sagt dazu auch, dass sich in jeder noch so kleinen Umgebung von a alle bis auf endlich viele Folgenglieder befinden. Die Bedeutung dieser Beschreibung ist in der folgenden Skizze gut zu erkennen:

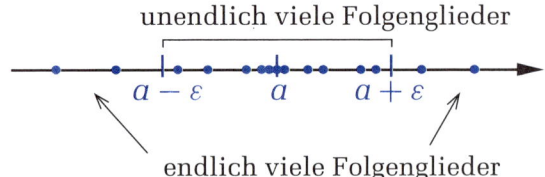

Wir müssen uns darüber im Klaren sein, dass diese Definition sowohl für reelle als auch für komplexe Folgen berechtigt ist. Bei der Untersuchung auf einen Grenzwert kommt nämlich der Betrag vor, es kommt also nicht zu sonderbaren Dingen wie einem komplexwertigen Epsilon. Alles wird durch den Betrag am Ende wieder auf reelle Zahlen reduziert und die Berechnungen und Überlegungen zu Grenzwerten bleiben gleich.

Es folgen einige nützliche Bemerkungen, die wir uns merken müssen.

Bemerkung

■ Den Begriff der Umgebung fasst der Mathematiker häufig noch genauer und spricht dann bei $]a - \varepsilon, a + \varepsilon[$ von einer ε-Umgebung des Punktes a. Dabei ist stets $\varepsilon > 0$.

■ Ist eine Folge konvergent, so ist ihr Grenzwert eindeutig.

■

Es erscheint sinnvoll, neben dem Begriff der Konvergenz einen weiteren anzugeben, nämlich den des *Häufungspunktes*. Betrachten wir hierzu die Folge (x_n) mit $x_n := (-1)^n$, welche zwischen den Werten -1 und $+1$ hin- und herspringt. Sie nimmt die beiden Werte „gehäuft", also unendlich oft, an, was wir als Definition eines Häufungspunktes nehmen. Allerdings handelt es sich bei keinem der beiden Werte um einen Grenzwert, sondern eben nur um Häufungspunkte: Ein Häufungspunkt a einer Folge (x_n) liegt vor, wenn in jeder Umgebung von a unendlich viele Folgenglieder liegen. Das ist äquivalent dazu, dass a der Grenzwert einer Teilfolge (x_{n_k}) ist. Bitte überlegen Sie genau, was der Unterschied zu einem Grenzwert ist. Davon gibt es nämlich genau einen! Bei Häufungspunkten muss das nicht so sein. Das fällt aber nur auf, wenn man die Definitionen unter der Lupe des Verstandes fixiert betrachtet und wirklich alle Worte auf die Goldwaage legt. So ist das in der Mathematik.

Bei der Folge $x_n := (-1)^n$ hatten wir gesehen, dass diese zwei Häufungspunkte hat: -1 und $+1$. Den größten und kleinsten Häufungspunkt einer Folge manifestieren wir ab jetzt durch den *Limes superior* ($\overline{\lim}$) und den *Limes inferior* ($\underline{\lim}$). Also:

$$\overline{\lim}((-1)^n) = -1 \quad \text{und} \quad \underline{\lim}((-1)^n) = +1 \ .$$

Beispiel

Standardbeispiel: $x_n := \frac{1}{n}$ ist eine Nullfolge. Es gilt also

$$\lim_{n \to \infty} \frac{1}{n} = 0 \ .$$

Zum Beweis sei ein beliebig kleines $\varepsilon > 0$ vorgegeben. Wir wählen für $N \in \mathbb{N}$ aus der Definition eine natürliche Zahl größer als $\frac{1}{\varepsilon}$. Dann gilt für alle $n \geq N$

$$|x_n - 0| = \left| \frac{1}{n} \right| = \frac{1}{n} \leq \frac{1}{N} < \varepsilon \ .$$

Somit ist 0 der Grenzwert von $\frac{1}{n}$.

Das N können wir auch direkt berechnen:

$$|x_n - 0| = \frac{1}{n} < \varepsilon,$$

woraus folgt

$$n > \frac{1}{\varepsilon} \ .$$

Nun müssen wir N nur noch dazwischen setzen: $n \geq N > \frac{1}{\varepsilon}$.

Beispiel

Ein weiteres Beispiel bietet die Folge $x_n := \sqrt[n]{a}$ mit einem festen $a > 1$. Wir wollen zeigen, dass diese Folge, unabhängig von a, den Grenzwert 1 hat. Sei dazu wiederum ein beliebig kleines $\varepsilon > 0$ vorgegeben. Wir suchen ein $N \in \mathbb{N}$, sodass für alle Indizes $n \geq N$ die Ungleichung

$$|x_n - 1| = \sqrt[n]{a} - 1 < \varepsilon$$

gilt. Die Betragstriche konnten wir weglassen, weil für $a > 1$ auch die Wurzel $\sqrt[n]{a} > 1$ ist. Zur Vereinfachung der Rechnung setzen wir $y_n := \sqrt[n]{a} - 1$ und formen um:

$$y_n = \sqrt[n]{a} - 1$$
$$\Rightarrow \quad \sqrt[n]{a} = 1 + y_n$$
$$\Rightarrow \quad a = (1 + y_n)^n = 1 + n y_n + \binom{n}{2} y_n^2 + \ldots + y_n^n \geq n y_n$$
$$\Rightarrow \quad y_n \leq \frac{a}{n}$$
$$\Rightarrow \quad \sqrt[n]{a} - 1 \leq \frac{a}{n} \, .$$

Somit können wir $\frac{a}{N} < \varepsilon$, also $N > \frac{a}{\varepsilon}$ wählen und für alle $n \geq N$ folgt

$$\sqrt[n]{a} - 1 \leq \frac{a}{n} \leq \frac{a}{N} < \varepsilon \, .$$

Natürlich sind nicht alle Folgen konvergent. Beispielsweise wächst die Folge $x_n := n$ immer weiter an, sodass es keinen Grenzwert geben kann, in dessen Umgebung sich fast alle Folgenglieder versammeln. Nicht konvergente Folgen heißen auch *divergent*.

Beispiel

Die Folge $x_n := (-1)^n$ ist divergent. Die Folgenglieder springen zwischen -1 und $+1$ hin und her (andere Werte werden gar nicht angenommen), sodass es zwar in jeder noch so kleinen Umgebung von $+1$ unendlich viele Folgenglieder (alle mit geradem n) gibt, aber außerhalb kann es immer noch unendlich viele Folgenglieder (die bei -1) geben, sodass die Definition der Konvergenz nicht erfüllt ist.

Unter den divergenten Folgen gibt es solche wie die durch $x_n := n^2$ definierte, welche betraglich über jede noch so hohe Grenze wachsen. Dann wird gerne die Notation

$$\lim_{n \to \infty} |x_n| = \infty \quad \text{oder} \quad |x_n| \to \infty$$

verwendet, bei reellen Folgen ggf. auch ohne Betrag und mit Vorzeichen vor dem ∞: $x_n := -n \to -\infty$. Wir müssen noch bemerken, dass es in der Benennung von Divergenz Unterschiede gibt. So spricht man bei der Folge im obigen Beispiel, $x_n := (-1)^n$, von Divergenz, bezeichnet aber im Falle des Strebens einer Folge gegen $\pm\infty$ von *bestimmter Divergenz* oder auch *uneigentlicher Konvergenz*. Mathematiker bringen dadurch zum Ausdruck, dass die Folge zwar keinesfalls konvergiert, ihr Verhalten dem der Konvergenz aber doch sehr ähnlich ist. Das klingt erstmal befremdlich, aber tatsächlich macht es einen Unterschied, ob eine Folge z. B. im Wechsel zwei verschiedene Werte annimmt oder aber über alle Grenzen wächst.

6.3 Rechenregeln für Folgen

Seien (x_n) und (y_n) konvergente Folgen mit den Grenzwerten $\lim_{n \to \infty} x_n = a$ und $\lim_{n \to \infty} y_n = b$ und sei $c \in \mathbb{R}$. Dann gilt:

$$\lim_{n \to \infty} (x_n + y_n) = a + b$$

$$\lim_{n \to \infty} (x_n \cdot y_n) = ab$$

$$\lim_{n \to \infty} c \cdot x_n = ca$$

$$\lim_{n \to \infty} \frac{x_n}{y_n} = \frac{a}{b}, \quad \text{falls } b \neq 0.$$

Weiterhin ist $a \leq b$, falls für fast alle Folgenglieder ebenfalls $x_n \leq y_n$ gilt. Diese Aussage gilt jedoch nicht ohne Weiteres mit $<$ anstelle von $\leq$. So ist $-\frac{1}{n} < +\frac{1}{n}$, die Grenzwerte beider Folgen sind jedoch identisch.

Auch hier ist die Gültigkeit gleichfalls wieder für komplexe Folgen gegeben.

Mithilfe dieser Rechenregeln können wir auch Grenzwerte komplizierter Folgen bestimmen, indem wir die Folgen aus einfachen zusammensetzen. Die Folge

$$\left(\frac{1}{1 + \frac{1}{n}} \right)$$

beispielsweise können wir uns aus der konstanten Folge (1) und der Nullfolge $(\frac{1}{n})$ zusammensetzen. Deren Grenzwerte kennen wir (1 und 0) und somit ist

$$\lim_{n \to \infty} \frac{1}{1 + \frac{1}{n}} = \frac{1}{1 + 0} = 1.$$

Bei der Folge

$$\left(\frac{n}{n+1}\right)$$

müssen wir schon etwas vorsichtiger sein, denn (n) ist keine konvergente Folge. Wir behelfen uns, indem wir n im Bruch kürzen:

$$\frac{n}{n+1} = \frac{n}{n\left(1+\frac{1}{n}\right)} = \frac{1}{1+\frac{1}{n}}$$

und schon haben wir die gleiche Folge, deren Grenzwert wir bereits berechnet haben. Dieser Trick hilft uns auch bei komplizierteren Brüchen:

▍ Beispiel

Wir wollen den Grenzwert der Folge $\left(\frac{3n^2+13n}{n^2-1}\right)$ bestimmen und kürzen n im höchsten auftretenden Exponenten:

$$\frac{3n^2+13n}{n^2-1} = \frac{n^2\left(3+\frac{13}{n}\right)}{n^2\left(1-\frac{1}{n^2}\right)} = \frac{3+\frac{13}{n}}{1-\frac{1}{n^2}} \quad \rightarrow \quad \frac{3+0}{1-0} = \frac{3}{1} = 3 \,.$$

Natürlich lassen sich auch komplexe Folgen betrachten. Man beachte dabei, dass bei der Untersuchung dort die imaginäre Einheit i einfach als eine Konstante zu betrachten ist. Solche haben bei der Untersuchung von Folgen im Reellen keine Probleme gemacht, also macht die imaginäre Einheit auch hier keine Schwierigkeiten. Wir betrachten zur Übung:

$$\lim_{n\to\infty}\left(\frac{n^2 - 7in|\sin(5n^{14})|}{3n^4}\right) \,.$$

Hier könnte eine erste Vermutung sein, dass der Term mit dem Sinus dafür sorgt, dass der Zähler viel schneller wächst (aufgrund von n^{14}) und die Folge daher divergiert. Aber Achtung, der Sinus nimmt stets nur Werte zwischen -1 und $+1$ an, der Betrag garantiert dann also für den genannten Term, dass nur Werte zwischen 0 und $+1$ angenommen werden. Daher folgt

$$\lim_{n\to\infty}\left(\frac{n^2 - 7in|\sin(5n^{14})|}{3n^4}\right) = \lim_{n\to\infty}\left(\frac{\frac{1}{n^2} - \frac{7i|\sin(5n^{14})|}{n^3}}{3}\right) = 0 \,.$$

6.4 Das Monotoniekriterium

Definition: Beschränkt

Eine reelle Folge (x_n) heißt *beschränkt*, wenn es $a, b \in \mathbb{R}$ gibt, sodass stets

$$a \leq x_n \leq b$$

gilt, was äquivalent dazu ist, dass ein $c \in \mathbb{R}$ existiert, für das gilt

$$|x_n| \leq c.$$

Bemerkung

Konvergente Folgen sind immer beschränkt, das Gegenteil gilt jedoch nicht. So ist $x_n := (-1)^n$ sicher beschränkt, aber wie bereits im Beispiel gesehen, divergent. ■

Definition: Monoton wachsend, monoton fallend

Eine Folge (x_n) heißt *monoton wachsend*, wenn für alle ihre Folgenglieder $x_n \leq x_{n+1}$ gilt. Sie heißt *monoton fallend*, wenn für alle Folgenglieder $x_n \leq x_{n+1}$ gilt. Ist Gleichheit ausgeschlossen, so sprechen wir von *streng* monoton wachsenden bzw. fallenden Folgen.

Beispielsweise ist die Folge $((-1)^n)$ beschränkt, aber nicht monoton. Die Folge (n) hingegen ist streng monoton wachsend, aber unbeschränkt. $\left(\frac{1}{n}\right)$ ist sowohl beschränkt als auch streng monoton fallend.

Wichtig für Konvergenzuntersuchungen ist der folgende Satz, dessen Gültigkeit intuitiv zu erfassen ist.

Monotoniekriterium Jede beschränkte, monoton wachsende oder fallende Folge reeller Zahlen ist konvergent.

> **Beispiel**
>
> So ist die Folge (e^{-n}) konvergent. Denn einerseits ist die Funktion e^x streng monoton wachsend, also unsere Folge streng monoton fallend. Andererseits ist die Folge nach oben durch $e^0 = 1$ und nach unten durch 0 beschränkt.

6.5 Was noch über Folgen gewusst werden sollte

Für reelle Folgen lassen sich einige Regeln manifestieren, die bei der Untersuchung auf Konvergenz manchmal nützlich sind. (Die Aussagen sind auch mit $-\infty$ anstelle des ∞ wahr.)

- (x_n) beschränkt und (y_n) beschränkt, dann ist $(x_n + y_n)$ beschränkt.

- (x_n) beschränkt und $(y_n) \to \infty$, dann $(x_n + y_n) \to \infty$.

- $(x_n) \to \infty$ und $(y_n) \to \infty$, dann $(x_n + y_n) \to \infty$.

- (x_n) konvergent und (y_n) beschränkt, dann ist $(x_n y_n)$ beschränkt.

- (x_n) Nullfolge und (y_n) beschränkt, dann ist $(x_n y_n)$ Nullfolge.

Was passiert im Komplexen? Hier ist die Lage nicht vergleichbar, denn die Beschränktheit setzt voraus, dass man auch bei zwei komplexen Zahlen unterscheiden kann, welche die größere ist; das ist aber nicht der Fall.

Für einige Überlegungen ist es sinnvoll zu wissen, dass $\ln n$ langsamer gegen ∞ geht als n^a für positives a, dies wiederum langsamer als b^n für $b > 1$, dies allerdings langsamer als $n!$ und dies wird noch von n^n übertroffen. Diese Reihenfolge der Konvergenzgeschwindigkeit bedeutet, dass wir beim Teilen einer langsamer gegen ∞ gehenden Folge durch eine in diesem Vergleich schneller gegen ∞ gehende Folge den Grenzwert null bekommen. Dies ist nicht damit zu verwechseln, dass $2n + 10$ stets größer ist als z. B. n, denn dennoch geht $\frac{n}{2n+10}$ gegen $\frac{1}{2}$.

Diverse Grenzwerte von Folgen sind bekannt und sollten beherrscht werden. Die Beweise sind teils nicht in einer Zeile erledigt, was jedoch die Bedeutung keinesfalls schmälert. Hier also einige Grenzwerte, an die wir uns erinnern sollten:

- Für $|b| < 1$ gilt $b^n \to 0$.

- $\left(1 + \frac{a}{n}\right)^n \to e^a$.

- Für positives a gilt $a^{1/n} \to 1$ und $n^{1/n} \to 1$.

Jedoch gilt $(n!)^{1/n} \to \infty$.

6.6   Das Häufungspunktprinzip und mehr

Eng mit diesem Kapitel verbunden ist das sogenannte *Häufungspunktprinzip*, das Folgendes besagt:

Satz

Haben wir im Intervall $[a, b] \subset \mathbb{R}$ eine Folge (x_n) gegeben, d. h. $x_n \in [a, b]$ für alle $n \in \mathbb{N}$, dann existiert in diesem Intervall wenigstens ein Häufungspunkt $\xi \in [a, b]$ von (x_n).

Wir betrachten für die Erklärung eine Folge im Intervall $[0, 1]$ (alle anderen Intervalle sind auch möglich, aber bereits an diesem einfachen Intervall ist das Verfahren in voller Schönheit zu erkennen). Wir teilen nun dieses Intervall in zehn Teilintervalle gleicher Länge, die dann mit $0, 0$ bis $0, 9$ beginnen. In jedem der so entstandenen Intervalle liegen entweder unendlich viele Glieder der betrachteten Folge oder nur endlich viele. Wählen wir nun ein Intervall aus, das unendlich viele Folgenglieder enthält, dann beginnt dieses mit einer der Zahlen in der obigen Aufzählung, also z. B. der Zahl

$$0, a_1 \ .$$

Dieses Prozedere können wir stets wieder fortführen und erhalten eine weitere Dezimalstelle eines Punktes (Dezimalstelle, da wir ja von $[0, 1]$ ausgingen und bei jedem Schritt wieder eine Unterteilung in zehn Teile vornahmen), also insgesamt ein

$$\xi := 0, a_1 a_2 a_3 \dots \ .$$

Dieses ξ ist dann natürlich ein Häufungspunkt, denn in jeder noch so kleinen ε-Umgebung liegen nach Konstruktion unendlich viele Punkte der Folge.

Zugegeben, das müssen wir auf uns wirken lassen. Und eventuell sollten Sie sich ein Bild dazu anfertigen. Aber in diesem hier vorgestellten Prinzip liegen ungeahnte Möglichkeiten, die uns später noch sehr nützlich sein werden.

Einige Fragen

- Was ist eine Folge? Nennen Sie Beispiele.

- Wie ist die Konvergenz einer Folge definiert?

- Was ist eine Nullfolge?

- Was ist eine ε-Umgebung eines Punktes?

- Definieren Sie den Limes superior.

- Welche Anzahl von Häufungspunkten hat eine konvergente Folge?

- Nennen Sie drei wichtige Rechenregeln für konvergente Folgen.

- Was besagt das Monotoniekriterium?

- Formulieren Sie das Häufungspunktprinzip.

Aufgaben

1. Zeigen Sie mithilfe der Definition für Konvergenz, dass die Folge

$$\left(\left(-\frac{1}{2} \right)^k \right)$$

eine Nullfolge ist.

2. Zeigen Sie mithilfe der Rechenregeln für konvergente Folgen, dass

$$\lim_{k \to \infty} \sqrt[k]{a}$$

für beliebige Werte $a \in \mathbb{R}$ mit $0 < a < 1$ gegen den Grenzwert 1 konvergiert.

Hinweis: Für $a > 1$ haben wir den gleichen Grenzwert bereits in einem Beispiel erhalten. Für $a = 1$ ist die Folge $\sqrt[k]{a}$ konstant 1, hat also ebenfalls diesen Grenzwert. Nach dieser Aufgabe wissen wir, dass der Grenzwert 1 für alle $a > 0$ ist.

3. Bestimmen Sie, wenn möglich, die Grenzwerte folgender Folgen:

$$\left(\frac{k^2 - k}{2k^2 + 3} \right), \quad \left(\frac{(k + 1)(2k - 3)(k + 2)}{k^3} \right), \quad \left(\frac{3 + 2k}{k^2} \right), \quad \left(\frac{k^2 - 1}{k + 3} \right).$$

4. Welche der folgenden Folgen sind beschränkt, monoton wachsend bzw. monoton fallend?

$$(\sin k)\,,\quad \left(e^{-k}\right)\,,\quad \left(1 - \frac{1}{k}\right)\,,\quad \left(k^2 - k\right)\,.$$

Was ergibt jeweils das Monotoniekriterium?

5. Beschreiben Sie den Verlauf der komplexen Folge $\left(\frac{1}{k}e^{ik}\right)$. Gegen welchen Grenzwert konvergiert die Folge? Begründen Sie Ihre Wahl.

6. Welches sind die Häufungspunkte der Folge $\left(\sin\frac{k\pi}{2}\right)$? Begründen Sie Ihre Antwort.

Lösungen

1. Der Grenzwert von Nullfolgen ist 0. Demnach müssen wir zu gegebenem $\varepsilon > 0$ ein $N \in \mathbb{N}$ finden, sodass für alle $k > N$ die Abschätzung

$$\left|\left(-\frac{1}{2}\right)^k - 0\right| = \left(\frac{1}{2}\right)^k < \varepsilon$$

gilt.

Um N zu finden, formen wir diese Ungleichung nach k um:

$$\left(\frac{1}{2}\right)^k < \varepsilon$$
$$\Leftrightarrow \quad 2^{-k} < \varepsilon$$
$$\Leftrightarrow \quad \log_2 2^{-k} < \log_2 \varepsilon$$
$$\Leftrightarrow \quad -k < \log_2 \varepsilon$$
$$\Leftrightarrow \quad k > -\log_2 \varepsilon\,.$$

Dabei konnten wir $\log_2$ auf beiden Seiten einsetzen, ohne das Ungleichungszeichen zu verändern, weil die Logarithmusfunktionen streng monoton wachsend sind. Die rechte Seite der letzten Ungleichung runden wir auf (bezeichnet durch $\lceil\ldots\rceil$) und erhalten so N. Falls N damit negativ wäre – also für $\varepsilon > 1$ –, setzen wir es einfach auf 0, denn es soll ja eine natürliche Zahl sein:

$$N := \begin{cases} \lceil -\log_2 \varepsilon \rceil, & \varepsilon < 1 \\ 0, & \varepsilon \geq 1\,. \end{cases}$$

Für $k > N$ folgt im ersten Fall

$$\left(\frac{1}{2}\right)^k < \left(\frac{1}{2}\right)^{-\log_2 \varepsilon} = 2^{\log_2 \varepsilon} = \varepsilon\,.$$

Der zweite Fall, also $\varepsilon \geq 1$, ist nicht weiter interessant, da für alle $k > 1$

$$\left(\frac{1}{2}\right)^k < 1$$

ist.

2. Wir führen den Fall $0 < a < 1$ auf den schon bekannten Fall $a > 1$ zurück, indem wir den Kehrwert von a ins Spiel bringen:

$$\lim_{k\to\infty} \sqrt[k]{a} = \lim_{k\to\infty} \frac{1}{\sqrt[k]{\frac{1}{a}}} \; .$$

Aus dem im Hinweis erwähnten Beispiel wissen wir bereits

$$\lim_{k\to\infty} \sqrt[k]{\frac{1}{a}} = 1 \; ,$$

denn mit $0 < a < 1$ ist $\frac{1}{a} > 1$. Schließlich ist

$$\lim_{k\to\infty} \frac{1}{\sqrt[k]{\frac{1}{a}}} = \frac{1}{\displaystyle\lim_{k\to\infty} \sqrt[k]{\frac{1}{a}}} = \frac{1}{1} = 1 \; .$$

3.

$$\left(\frac{k^2 - k}{2k^2 + 3}\right) \; , \quad \left(\frac{(k+1)(2k-3)(k+2)}{k^3}\right) \; , \quad \left(\frac{3 + 2k}{k^2}\right) \; , \quad \left(\frac{k^2 - 1}{k + 3}\right) \; .$$

Wir kürzen die Brüche derart, dass die einzelnen Summanden in Zähler und Nenner konvergieren (bei der ersten Aufgabe kürzen wir also k^2):

$$\lim_{k\to\infty} \frac{k^2 - k}{2k^2 + 3} = \lim_{k\to\infty} \frac{1 - \frac{1}{k}}{2 + \frac{3}{k^2}},$$

denn so können wir die Rechenregeln für konvergente Folgen anwenden:

$$= \frac{\displaystyle\lim_{k\to\infty} 1 - \lim_{k\to\infty} \frac{1}{k}}{\displaystyle\lim_{k\to\infty} 2 + \lim_{k\to\infty} \frac{3}{k^2}}$$

$$= \frac{1 - 0}{2 + 0}$$

$$= \frac{1}{2} \; .$$

Bei der zweiten Aufgabe kürzen wir k^3, da 3 der höchste Exponent beim Laufindex k ist (diese Vorgehensweise funktioniert, solange wir es mit rationalen Funktionen in k zu tun haben).

$$\lim_{k \to \infty} \frac{(k+1)(2k-3)(k+2)}{k^3} = \lim_{k \to \infty} \frac{\frac{1}{k^3}(k+1)(2k-3)(k+2)}{1}$$

$$= \lim_{k \to \infty} \frac{\left(1 + \frac{1}{k}\right)\left(2 - \frac{3}{k}\right)\left(1 + \frac{2}{k}\right)}{1}$$

$$= \left(\lim_{k \to \infty} 1 + \lim_{k \to \infty} \frac{1}{k}\right)\left(\lim_{k \to \infty} 2 - \lim_{k \to \infty} \frac{3}{k}\right)$$

$$\times \left(\lim_{k \to \infty} 1 + \lim_{k \to \infty} \frac{2}{k}\right)$$

$$= (1 + 0)(2 - 0)(1 + 0)$$

$$= 2 .$$

Bei der dritten Aufgabe kürzen wir k^2:

$$\lim_{k \to \infty} \frac{3 + 2k}{k^2} = \lim_{k \to \infty} \frac{\frac{3}{k^2} + \frac{2}{k}}{1}$$

$$= \lim_{k \to \infty} \frac{3}{k^2} + \lim_{k \to \infty} \frac{2}{k}$$

$$= 0 .$$

Bei der vierten Aufgabe kürzen wir ebenfalls k^2:

$$\lim_{k \to \infty} \frac{k^2 - 1}{k + 3} = \lim_{k \to \infty} \frac{1 - \frac{1}{k^2}}{\frac{1}{k} + \frac{3}{k^2}} .$$

An dieser Stelle sehen wir bereits, dass der Nenner gegen 0 geht, der Zähler aber gegen 1, sodass diese Folge insgesamt divergiert.

4. Die Sinusfunktion ist durch -1 und $+1$ beschränkt, wodurch selbiges auch für die Folge $(\sin k)$ gilt. Die Folge ist weder monoton wachsend noch fallend, was wir bereits an den ersten Folgengliedern sehen:

$$\sin 1 > 0 , \quad \sin 4 < 0 , \quad \sin 7 > 0 .$$

Die Folge $\left(e^{-k}\right)$ ist monoton fallend, weil die Funktion $f(x) := e^{-x}$ monoton fallend ist. Daher ist die Folge nach oben hin durch ihr erstes Folgenglied beschränkt. Nach unten ist die Folge durch null beschränkt, da die Exponentialfunktion für reelle Argumente stets positive Werte liefert.

Die Folge $\left(1 - \frac{1}{k}\right)$ ist nach unten durch 0 und nach oben durch 1 beschränkt. Auch sie ist monoton wachsend.

Die ersten Folgenglieder von $\left(k^2 - k\right)$ sind 0, 0, 2, 6, ..., wobei der (positive) quadratische Term mit fortschreitendem k eine immer größere Rolle spielt als der (negative) lineare Term. Daher ist die Folge monoton wachsend und nach unten durch 0 beschränkt. Nach oben ist sie allerdings unbeschränkt.

Nach dem Monotoniekriterium konvergieren die Folgen $\left(e^{-k}\right)$ und $\left(1 - \frac{1}{k}\right)$. Über die anderen beiden Folgen sagt das Monotoniekriterium gar nichts.

5. Die komplexe Folge ist bereits in Polarkoordinaten angegeben. Der Term $\frac{1}{k}$ gibt die Entfernung des Folgenglieds vom Ursprung an, während e^{ik} die Information über den Winkel – nämlich k – enthält. Letzterer nimmt von Folgenglied zu Folgenglied stets um 1 – das entspricht $1 \cdot \frac{360°}{2\pi} \approx 115°$ – zu. Der Abstand vom Ursprung bildet allerdings eine Nullfolge, sodass sich die Folge insgesamt spiralförmig dem Ursprung entgegenbewegt. Es handelt sich somit um eine Nullfolge.

6. Schauen wir uns die Folge etwas genauer an, indem wir die ersten Folgenglieder aufschreiben:

$$a_0 = \sin 0 = 0$$
$$a_1 = \sin \frac{\pi}{2} = 1$$
$$a_2 = \sin \frac{2\pi}{2} = 0$$
$$a_3 = \sin \frac{3\pi}{2} = -1 \ .$$

Von da an wiederholen sich die Folgenwerte, da die Folge genau eine Periodenlänge des Sinus durchschritten hat. Somit werden 0, $+1$ und -1 von jeweils unendlich vielen Folgengliedern angenommen, was diese drei Zahlen zu Häufungspunkten der Folge macht. Genauer ist $\left(a_{2k}\right)$ eine Teilfolge (konstant 0) mit Grenzwert 0, $\left(a_{4k+1}\right)$ eine Teilfolge (konstant 1) mit Grenzwert 1 und $\left(a_{4k+3}\right)$ eine Teilfolge (konstant -1) mit Grenzwert -1.

Reihen

7

ÜBERBLICK

Motivation

》 Stellen wir uns den Finallauf über 400 m bei den olympischen Spielen vor und blicken gedanklich auf den Favoriten: Beim Startschuss wird dieser aus den Blöcken springen und nach etwa 44 Sekunden über die Ziellinie laufen; Ähnliches ist regelmäßig bei Sportübertragungen zu sehen und niemand wundert sich darüber, dass ein Läufer das Ziel erreicht. Aber wie könnte das ein mathematisch interessierter Sportler sehen? Wir machen als solcher ein Gedankenexperiment, bei dem wir zuerst die Hälfte der Gesamtstrecke, also 200 m, laufen. Danach bleibt von den verbleibenden 200 m wiederum die Hälfte zu laufen, also 100 m, dann die Hälfte dieser Strecke, also 50 m. Wenn wir diesen (unendlichen) Teilungsprozess weiter verfolgen, dann dürften wir nie das Ziel erreichen, denn von der jeweiligen Reststrecke verbleibt immer wieder eine Hälfte, die zu laufen ist. Kann die Mathematik helfen? Nun, eigentlich ist durch die einzelnen Streckenabschnitte eine Folge gegeben (bei der wir auf das Hinzufügen der Meterangabe verzichten), nämlich $a_0 = 200$, $a_1 = 100$, $a_2 = 50$ u s f. Wenn wir die so gefundenen Werte addieren, kommen wir der 400 sehr nahe, aber erreichen wir diese auch wirklich? Die Antwort lautet ja, sonst wäre mit unserer Mathematik sicher etwas kaputt, wir kommen auf die Berechnung noch zurück. Wir sehen an diesen Überlegungen aber bereits einige Dinge, die uns in diesem Abschnitt weiter beschäftigen werden, denn behandeln wir Reihen, denken wir an eine unendliche Summation von Folgengliedern, in unserem Fall den a_k.

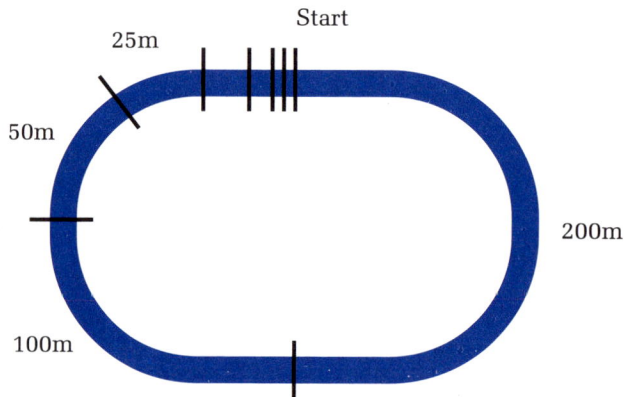

Neben der Beantwortung von Fragen mit philosophischem Hintergrund interessieren wir uns aber auch aus rein mathematischen Gründen für solche unendlichen Summationen. Wollen wir z. B. die Fläche unter dem Graphen einer Funktion berechnen, so ergibt sich – unter Verwendung von Rechtecken zur Approximation des wirklichen Flächeninhaltes – folgendes Bild:

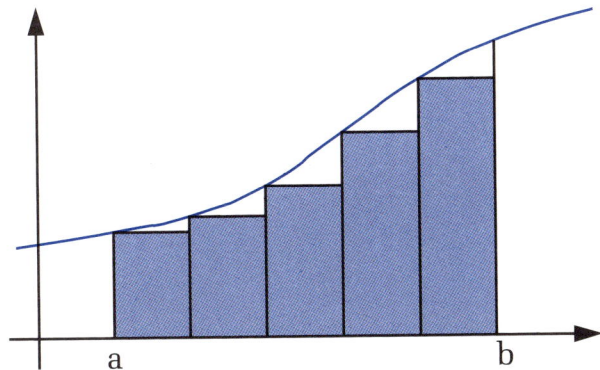

Durch das Verkleinern der Grundseiten der Rechtecke machen wir die Annäherung an die Fläche unter f von a bis b immer besser und mit etwas Glück erhalten wir im Grenzwert den wirklichen Flächeninhalt unter f:

$$\sum_{k=0}^{n} F_k \to \sum_{k=0}^{\infty} F_k \, .$$

Grenzwerte dieser Form nennen wir *unendliche Reihen* oder einfach nur *Reihen*.

7.1 Grundlegendes zu Reihen

Es stehen nun bereits einige Begriffe im Raum, die exakt gefasst werden müssen.

Definition: Partialsumme, Reihe

Für eine (reelle oder komplexe) Folge (a_k) heißt

$$S_n := \sum_{k=0}^{n} a_k$$

n-te *Partialsumme*. Der Grenzwert der Partialsummen heißt *Reihe* und wird als

$$\sum_{k=0}^{\infty} a_k := \lim_{n \to \infty} S_n$$

notiert. Wenn sogar die Reihe der Absolutbeträge

$$\sum_{k=0}^{\infty} |a_k|$$

konvergiert, so heißt die Reihe *absolut konvergent*.

Was eine Partialsumme ist, wirkt auf den ersten Blick oft sonderbar und Sie fragen sich vielleicht, ob dies denn in dieser Form gemacht werden muss. Den Kern der Antwort finden wir in der folgenden Bemerkung:

Bemerkung

Die Begriffe *Konvergenz* und *Divergenz* für Reihen können wir einfach von Folgen übernehmen. Der *Wert* einer Reihe ist der *Grenzwert* der Folge der Partialsummen. ■

Tatsächlich haben wir also unsere Überlegungen zu Reihen durch die Einführung von Partialsummen auf die bereits bekannten Folgen zurückgeführt, es ist also keine gänzlich neue Theorie nötig. Wir wollen, trotz einer gewissen Vertrautheit, nochmal einen zweiten Blick auf das werfen, was eine Partialsumme eigentlich ist: Es handelt sich bei S_n einfach nur um die Summe der ersten n Folgenglieder a_k. Erinnern wir uns an das Beispiel der 400 m Runde. Dort ist dann $S_0 = a_0 = 200$, $S_1 = a_0 + a_1 = 300$, $S_2 = a_0 + a_1 + a_2 = 350$ u s f. Auch aus diesem Beispiel ersehen wir sofort, dass die S_n wirklich eine Folge bilden.

Beispiel

Wie wir bereits gelernt haben, hat die geometrische Summe den Wert

$$S_n(x) = \sum_{k=0}^{n} x^k = \frac{1 - x^{n+1}}{1 - x} \ .$$

Wegen $x^{n+1} \to 0$ für $|x| < 1$ ist die *geometrische Reihe*

$$\sum_{k=0}^{\infty} x^k = \lim_{n \to \infty} S_n(x) = \lim_{n \to \infty} \frac{1 - x^{n+1}}{1 - x}$$

für $x \in]-1, 1[$ definiert und hat als Ergebnis

$$\sum_{k=0}^{\infty} x^k = \frac{1}{1 - x} \ .$$

Bemerkung

Die bisher bei Reihen verwendeten a_k sind hier also gleich x^k. Darf dies sein, wo doch die a_k eine Folge mit bestimmten Zahlen bilden und im x^k eine Variable x steckt? Ja, denn das x kann zwar beliebig gewählt werden, ist dann aber (nach dieser Wahl) für die nachfolgende Betrachtung fest und damit bilden die x^k tatsächlich eine Folge wie bisher. ■

Mit der geometrischen Reihe können wir den Läufer aus der Motivation endlich zum Erreichen der Ziels bringen:

$$200 + 100 + 50 + \ldots = \sum_{n=0}^{\infty} 200 \cdot \left(\frac{1}{2}\right)^n = 200 \cdot \sum_{n=0}^{\infty} \left(\frac{1}{2}\right)^n = 200 \cdot \frac{1}{1 - \frac{1}{2}} = 400 \, .$$

> ### ■ Beispiel
>
> Auch die Dezimalschreibweise reeller Zahlen können wir mithilfe der Reihen beschreiben. So kann jede reelle Zahl als Dezimalbruch $\pm \sum_{k=0}^{\infty} c_k 10^{m-k}$ mit $c_k \in \{0, \ldots, 9\}$ und $m \in \mathbb{Z}$ dargestellt werden, was nachstehend exemplarisch demonstriert wird:
>
> $$31{,}25 = 3 \cdot 10^2 + 1 \cdot 10^0 + 2 \cdot 10^{-1} + 5 \cdot 10^{-2} \, .$$

Somit werden reelle Zahlen mit Grenzwerten von Partialsummen identifiziert. Vielleicht ist Ihnen bereits das folgende Phänomen begegnet:

$$9 \cdot 0{,}\overline{9} = 10 \cdot 0{,}\overline{9} - 0{,}\overline{9} = 9{,}\overline{9} - 0{,}\overline{9} = 9 \, ,$$

also ist $0{,}\overline{9} = 1$. Aber wieso sollten nicht zwei Reihen den gleichen Grenzwert haben?

7.2 Eigenschaften von Reihen

Sind $\sum_{k=0}^{\infty} a_k$ und $\sum_{k=0}^{\infty} b_k$ konvergent und $\lambda \in \mathbb{C}$, so sind auch die Reihen

$$\sum_{k=0}^{\infty} (a_k + b_k) \quad \text{und} \quad \sum_{k=0}^{\infty} \lambda a_k$$

konvergent und haben die Werte

$$\sum_{k=0}^{\infty} (a_k + b_k) = \sum_{k=0}^{\infty} a_k + \sum_{k=0}^{\infty} b_k \, ,$$

$$\sum_{k=0}^{\infty} \lambda a_k = \lambda \sum_{k=0}^{\infty} a_k \, .$$

7.3 Konvergenzkriterien

Eine *notwendige Bedingung* für die Konvergenz einer Reihe $\sum_{k=0}^{\infty} a_k$ ist

$$\lim_{k \to \infty} a_k = 0 \, .$$

Formal können wir das einsehen, weil $a_k = S_k - S_{k-1}$ und

$$\lim_{k \to \infty} (S_k - S_{k-1}) = \lim_{k \to \infty} S_k - \lim_{k \to \infty} S_{k-1} = 0 \, ,$$

denn auch durch das Abziehen der 1 beim Index der Folge der Partialsummen geht diese gegen den gleichen Grenzwert wie S_k.

So ist die Reihe $\sum_{k=0}^{\infty} (-1)^k$ mit Sicherheit divergent. Von der geometrischen Reihe $\sum_{k=0}^{\infty} x^k$ wissen wir bereits, dass sie für $|x| < 1$ konvergent ist und daher muss für solche x auch $\lim_{k \to \infty} x^k = 0$ sein. Für $|x| \geq 1$ hingegen ist (x^k) keine Nullfolge und die Reihe divergiert. Doch Vorsicht: Bilden die Summanden der Reihe eine Nullfolge, heißt dies noch nicht, dass die Reihe auch konvergiert!

Beispiel

Die sogenannte *harmonische Reihe* hat die Gestalt

$$\sum_{k=1}^{\infty} \frac{1}{k} \, .$$

Diese Reihe ist ein Standardbeispiel für eine divergente Reihe, die auf den ersten Blick konvergent erscheint. Wir werden die Divergenz etwas später im Kapitel über Integration zeigen, da sich mithilfe der Integration leichter argumentieren lässt.

Wir stellen nun eine Reihe nützlicher hinreichender Kriterien vor. Alle benötigten Voraussetzungen geben wir in möglichst einfacher Form an und verzichten dafür auf die allgemeinsten Fassungen. Sie sollten daher im Hinterkopf behalten, dass die Voraussetzungen der folgenden Sätze auch etwas abgeschwächt werden können: Überall, wo wir etwas für alle $k \in \mathbb{N}$ gefordert haben, genügt auch für alle $k \in \mathbb{N}$ mit $k \geq K$. Der Anfang einer Reihe spielt für deren Konvergenz nicht die geringste Rolle.

Was wir bisher über Reihen gelernt haben, gilt für reelle und komplexe Reihen. Dies trifft auch für die ersten drei der nachstehenden Kriterien zu, denn es geht dort stets um Beträge, die für die Berechnungen verwendet werden (dies allerdings nicht beim Leibniz-Kriterium, was daher für reelle Reihen reserviert bleibt). Und was ist der

Betrag einer komplexen Zahl? Selbstverständlich eine reelle Zahl. Mit entsprechenden Rechenbeispielen werden wir uns daher zurückhalten, denn es gibt dabei nichts, was uns überraschen könnte. Erst bei den sogenannten Potenzreihen wird es wieder interessanter, den komplexen Fall eingehender zu begutachten.

Wie wir bereits kurz zuvor gelernt haben, divergiert die harmonische Reihe. Für die Konvergenz von Reihen muss daher etwas gefordert werden, was über das bloße Vorkommen einer Nullfoge hinter dem Summenzeichen hinausgeht. Und genau davon handeln die folgenden Kriterien.

7.3.1 Majorantenkriterium

Majorantenkriterium

Sei $\sum_{k=0}^{\infty} a_k$ die zu untersuchende Reihe und sei $\sum_{k=0}^{\infty} c_k$ eine weitere Reihe, von der wir bereits wissen, dass sie absolut konvergent ist. Gilt dann für alle $k \in \mathbb{N}$

$$|a_k| \leq |c_k| \,,$$

so ist auch $\sum_{k=0}^{\infty} a_k$ absolut konvergent und es gilt

$$\sum_{k=0}^{\infty} |a_k| \leq \sum_{k=0}^{\infty} |c_k| \,.$$

Die Vergleichsreihe $\sum_{k=0}^{\infty} |c_k|$ nennen wir in dem Fall *konvergente Majorante*, da sie größere Summanden hat und dennoch konvergiert. Dieses Kriterium spricht für sich selbst; es enthält genau das, was alleine aus seiner Namensgebung zu erwarten war und sich locker so formulieren lässt: Wenn wir nach der Konvergenz einer Reihe fragen und bereits eine Reihe konvergiert, die „größer" ist, dann konvergiert die fragliche Reihe erst recht. Mathematisch verhält es sich wie folgt.

Die Folge der Partialsummen $S_n := \sum_{k=0}^{n} |a_k|$ der Beträge ist monoton wachsend, außerdem ist sie unter den Voraussetzungen des Satzes auch beschränkt durch den Wert der Majorante, denn

$$|a_k| \leq |c_k| \quad \Rightarrow \quad \sum_{k=0}^{n} |a_k| \leq \sum_{k=0}^{n} |c_k| \leq \sum_{k=0}^{\infty} |c_k| \,.$$

Wir können also erfolgreich unser Wissen über das Monotoniekriterium aus dem Kapitel über Folgen anwenden und die Konvergenz der S_n folgern. Hier zeigt sich erneut deutlich, welch großen Nutzen wir aus der Einführung der Folge der Partial-summen ziehen; nun sollten diese ihren vermeintlichen Schrecken verloren haben.

Beispiel

Wir untersuchen die Reihe $\sum_{k=0}^{\infty} \left(\frac{\sin k}{2}\right)^k$ mit dem Majorantenkriterium. Es ist also $a_k = \left(\frac{\sin k}{2}\right)^k$ und wir schätzen folgendermaßen ab:

$$\left|a_k\right| = \left|\left(\frac{\sin k}{2}\right)^k\right| = \left(\frac{|\sin k|}{2}\right)^k < \left(\frac{1}{2}\right)^k .$$

Weiterhin wissen wir, dass die geometrische Reihe $\sum_{k=0}^{\infty} x^k$ für $|x| < 1$, hier speziell für $x := \frac{1}{2}$, konvergiert. Somit konvergiert auch die untersuchte Reihe absolut mit

$$\sum_{k=0}^{\infty} \left(\frac{\sin k}{2}\right)^k \leq \sum_{k=0}^{\infty} \left(\frac{|\sin k|}{2}\right)^k \leq 2 .$$

7.3.2 Wurzelkriterium

Wurzelkriterium

Sei $\sum_{k=0}^{\infty} a_k$ die zu untersuchende Reihe. Gibt es eine Zahl $\theta < 1$, sodass für alle $k \in \mathbb{N}$

$$\sqrt[k]{|a_k|} \leq \theta$$

ist oder gilt alternativ

$$\lim_{k \to \infty} \sqrt[k]{|a_k|} < 1 ,$$

dann konvergiert die Reihe absolut.

Beispiel

Wir untersuchen die Reihe $\sum_{k=0}^{\infty} \frac{k}{2^k}$ mit dem Wurzelkriterium. Es ist also $a_k = \frac{k}{2^k}$ und wir schätzen folgendermaßen ab:

$$\sqrt[k]{|a_k|} = \sqrt[k]{\frac{k}{2^k}} = \frac{\sqrt[k]{k}}{2} \rightarrow \frac{1}{2} \leq 1 .$$

Somit ist die Reihe absolut konvergent.

7.3.3 Quotientenkriterium

Quotientenkriterium

Sei $\sum_{k=0}^{\infty} a_k$ die zu untersuchende Reihe ($a_k \neq 0$ für alle $k \in \mathbb{N}$). Gibt es eine Zahl $\theta < 1$, sodass für alle $k \in \mathbb{N}$

$$\left| \frac{a_{k+1}}{a_k} \right| \leq \theta$$

ist oder gilt alternativ

$$\lim_{k \to \infty} \left| \frac{a_{k+1}}{a_k} \right| < 1 ,$$

dann konvergiert die Reihe absolut.

Ist hingegen für alle $k \in \mathbb{N}$

$$\left| \frac{a_{k+1}}{a_k} \right| \geq 1 ,$$

so bilden die Summanden a_k keine Nullfolge und die Reihe divergiert.

> ### Beispiel
>
> Wir untersuchen die Reihe $\sum_{k=0}^{\infty} \frac{1}{k^\alpha}$, $\alpha > 0$, mit dem Quotientenkriterium. Es ist also $a_k = \frac{1}{k^\alpha}$ und wir schätzen folgendermaßen ab:
>
> $$\left| \frac{a_{k+1}}{a_k} \right| = \frac{\frac{1}{(k+1)^\alpha}}{\frac{1}{k^\alpha}} = \frac{k^\alpha}{(k+1)^\alpha} \to 1 \, .$$
>
> Hier ist die Voraussetzung „< 1" des Quotientenkriteriums nicht erfüllt, ganz egal, welchen Wert α annimmt. In solch einem Moment erliegen viele der Versuchung und behaupten, die Reihe müsse divergieren, weil das Kriterium ja kein positives Ergebnis zeigt. Doch ohne erfüllte Voraussetzungen sagt obiger Satz (und viele andere auch) einfach gar nichts aus. Und in der Tat konvergiert die Reihe, falls $\alpha > 1$ ist, sie divergiert jedoch für $\alpha \leq 1$. Zu diesem Ergebnis werden wir allerdings erst an anderer Stelle mit einer geeigneteren Methode gelangen. Das wird noch eine Weile dauern, denn dazu werden wir Integrale benutzen.

7.3.4 Leibniz-Kriterium

> **Leibniz-Kriterium**
>
> Sei $\sum_{k=0}^{\infty} a_k$ die zu untersuchende Reihe. Wenn (a_k) eine alternierende und vom Betrag her monoton fallende Nullfolge ist, dann ist $\sum_{k=0}^{\infty} a_k$ konvergent.
>
> (*Alternierend* bedeutet, dass aufeinanderfolgende a_k stets unterschiedliche Vorzeichen haben.)

> ### Beispiel
>
> Die *alternierende harmonische Reihe* $\sum_{k=1}^{\infty} \frac{(-1)^k}{k}$ erfüllt die Voraussetzungen des Leibniz-Kriteriums und ist somit konvergent. Sie ist nicht absolut konvergent, denn $\sum_{k=1}^{\infty} \left| \frac{(-1)^k}{k} \right|$ ist die harmonische Reihe und, wie wir bereits wissen, divergent.

Wir wollen nun noch exemplarisch das Wurzelkriterium beweisen. Dadurch haben wir dann noch mehr Vertrauen bei der Anwendung der Kriterien, aber auch die Bedeutung der geometrischen Reihe wird verdeutlicht:

Es sollen die Voraussetzungen des Wurzelkriteriums gelten.

Wenn also für fast alle natürlichen Zahlen n die Ungleichung $|a_n| \leq \theta^n$ mit $0 \leq \theta < 1$ gilt, so ist die geometrische Reihe $\sum_{k=0}^{\infty} \theta^k$ eine Majorante für $\sum_{k=0}^{\infty} a_k$.

Hier haben wir das θ aus dem Wurzelkriterium verwendet, welches hier natürlich für x geschrieben wurde, das bei der geometrischen Reihe stand. Nach unseren Erfahrungen gibt es immer wieder Probleme, die nur darauf beruhen, dass eine gewisse Fixierung auf die immer gleiche Symbolik besteht. Lösen Sie sich spätestens hier endgültig davon; es kommt auf die Bedeutung an, und die geometrische Reihe bleibt die geometrische Reihe, egal, ob dort ein θ für ein x steht oder nicht!

Einige Fragen

- Was ist der Zusammenhang zwischen Reihen und Folgen?

- Definieren Sie den Begriff der Partialsumme.

- Nennen Sie Beispiele für konvergente und divergente Reihen.

- Wie überprüfen Sie Reihen auf Konvergenz? Nennen Sie explizite Kriterien.

- Was ist eine alternierende Reihe?

- Was ist absolute Konvergenz? Ist jede absolut konvergente Reihe konvergent?

Aufgaben

1. Welche der folgenden Reihen sind alternierend?

$$\sum_{k=1}^{\infty} \frac{(-2)^{k-1}}{k!} \, , \quad \sum_{k=0}^{\infty} \cos(k\pi) \, , \quad \sum_{k=1}^{\infty} (-1)^k \sin k \, .$$

2. Berechnen Sie den Wert der Reihe

$$\sum_{k=0}^{\infty} \left(\frac{3}{2^k} + \frac{2}{3^k} \right) \, .$$

3. Das Majorantenkriterium versichert uns die Konvergenz einer Reihe $\sum_{k=0}^{\infty} a_k$, falls wir eine konvergente Majorante finden. Überlegen Sie, was aus der Existenz einer divergenten Minorante, also einer divergenten Reihe $\sum_{k=0}^{\infty} c_k$ mit $|a_k| \geq |c_k|$, gefolgert werden kann. Leiten Sie Ihre Behauptungen aus dem Majorantenkriterium ab.

4. Untersuchen Sie folgende Reihen mit geeigneten Konvergenzkriterien:

$$\sum_{k=0}^{\infty} \frac{k^2}{e^k} \, , \quad \sum_{k=0}^{\infty} k^{-k} \, , \quad \sum_{k=0}^{\infty} \left(\frac{-1}{\ln(k+2)} \right)^k \, .$$

5. Welche Bedingungen muss eine Reihe mit ausschließlich ganzzahligen Summanden erfüllen, um konvergent zu sein?

Lösungen

1. Anschaulich ist eine Reihe alternierend, wenn aufeinanderfolgende Summanden stets unterschiedliche Vorzeichen haben. Das bedeutet, dass das Produkt aufeinanderfolgender Summanden a_k und a_{k+1} für alle k negativ ist.

Bei $\sum_{k=1}^{\infty} \frac{(-2)^{k-1}}{k!}$ wechselt der Zähler der Summanden das Vorzeichen und der Nenner ist stets positiv. Insgesamt ist die Reihe also alternierend:

$$a_k a_{k+1} = \frac{(-2)^{k-1}}{k!} \cdot \frac{(-2)^k}{(k+1)!} = \frac{-2 \left((-2)^{k-1} \right)^2}{k!(k+1)!} < 0 \, .$$

Die zweite Reihe können wir umschreiben, denn es ist $\cos(k\pi) = (-1)^k$. Damit vereinfacht sich die Reihe zur einfachsten alternierenden Reihe überhaupt:

$$\sum_{k=0}^{\infty} \cos(k\pi) = \sum_{k=0}^{\infty} (-1)^k \, .$$

Die Summanden der dritten Reihe enthalten schon mal den Faktor $(-1)^k$, was recht vielversprechend ist. Der andere Faktor $\sin k$ ändert allerdings auch hin und wieder das Vorzeichen. Beispielsweise ist $\sin 1 > 0$ und $\sin 2 < 0$ und somit sind die Summanden der Reihe für $k = 1$ und für $k = 2$ beide negativ. Diese Reihe ist also nicht alternierend.

2. Den Wert einer Reihe können wir entweder über den Grenzwert ihrer Partialsummen bestimmen oder aber, indem wir in Ausdrücke bereits bekannter Reihen umformen. Eine der wichtigsten Reihen, deren Wert Sie sich merken und auch wiedererkennen sollten, ist die geometrische Reihe

$$\sum_{k=0}^{\infty} x^k = \frac{1}{1-x} \quad \text{für } x \in \,]-1, 1[\, .$$

Speziell erhalten wir daraus für $x := \frac{1}{2}$ und $x := \frac{1}{3}$

$$\sum_{k=0}^{\infty} \frac{1}{2^k} = \frac{1}{1-\frac{1}{2}} = 2 \quad \text{und} \quad \sum_{k=0}^{\infty} \frac{1}{3^k} = \frac{1}{1-\frac{1}{3}} = 3 \, ,$$

sodass wir daraus das Ergebnis unserer Aufgabe herleiten können:

$$\sum_{k=0}^{\infty} \left(\frac{3}{2^k} + \frac{2}{3^k} \right) = 3 \sum_{k=0}^{\infty} \frac{1}{2^k} + 2 \sum_{k=0}^{\infty} \frac{1}{3^k} = 3 \cdot 2 + 2 \cdot 3 = 12 \, .$$

3. Anschaulich sollte mit $\sum_{k=0}^{\infty} c_k$ auch die Reihe $\sum_{k=0}^{\infty} a_k$ divergieren, das wäre das analoge Verhalten zum Majorantenkriterium. Könnte $\sum_{k=0}^{\infty} a_k$ nicht aber doch im einen oder anderen Fall konvergieren? Dann wären aber die Voraussetzungen für das Majorantenkriterium erfüllt, allerdings mit vertauschten Rollen: Die Reihe $\sum_{k=0}^{\infty} a_k$ soll konvergieren und die Ungleichung $|c_k| \leq |a_k|$ erfüllt sein. Damit wäre $\sum_{k=0}^{\infty} a_k$ eine konvergente Majorante zu $\sum_{k=0}^{\infty} c_k$. Letztere müsste also nach dem Majorantenkriterium ebenfalls konvergieren. Wir sind aber ursprünglich davon ausgegangen, dass $\sum_{k=0}^{\infty} c_k$ divergiert. Somit führt die Annahme der Existenz einer konvergenten Reihe $\sum_{k=0}^{\infty} a_k$ zu einem Widerspruch. Somit muss auch $\sum_{k=0}^{\infty} a_k$ divergieren. Wir haben das *Minorantenkriterium* hergeleitet.

4. Bei $\sum_{k=0}^{\infty} \frac{k^2}{e^k}$ verwenden wir das Quotientenkriterium. Die Voraussetzung $a_k = \frac{k^2}{e^k} \geq 0$ für alle k ist schon mal erfüllt. Nun zum Quotienten:

$$\frac{a_{k+1}}{a_k} = \frac{\frac{(k+1)^2}{e^{k+1}}}{\frac{k^2}{e^k}} = \frac{(k+1)^2 e^k}{e^{k+1} k^2} = \frac{1}{e} \frac{(k+1)^2}{k^2}$$

konvergiert für $k \to \infty$ gegen $\frac{1}{e} < 1$. Nach dem Quotientenkriterium muss dann die Reihe $\sum_{k=0}^{\infty} \frac{k^2}{e^k}$ absolut konvergieren. (Das Wurzelkriterium hätte uns hier übrigens das gleiche Ergebnis geliefert.)

Bei $\sum_{k=0}^{\infty} k^{-k}$ versuchen wir es mit dem Wurzelkriterium:

$$\sqrt[k]{|a_k|} = \sqrt[k]{k^{-k}} = k^{-1} = \frac{1}{k}$$

konvergiert für $k \to \infty$ gegen $0 < 1$. Somit konvergiert auch diese Reihe absolut.

Bei $\sum_{k=0}^{\infty} \left(\frac{-1}{\ln(k+2)} \right)^k$ schließlich kommen wir mit dem Leibniz-Kriterium weiter. Dafür müssen wir zunächst die Voraussetzungen prüfen: Durch den Term $(-1)^k$ wechselt das Vorzeichen der Summanden, die Reihe ist also alternierend. Weiterhin gilt

$$\lim_{k \to \infty} |a_k| = \lim_{k \to \infty} \left(\frac{1}{\ln(k+2)} \right)^k = 0$$

und die Folge $(|a_k|)$ ist monoton fallend, da die Funktion $\ln x$ monoton wachsend ist. Somit sind alle Voraussetzungen erfüllt und die Reihe ist konvergent.

5. Zunächst einmal müssen, wie bei jeder konvergenten Reihe, die Summanden eine Nullfolge bilden. Da die Summanden ganze Zahlen sein sollen, heißt dies, dass sämtliche Summanden ab einem bestimmten Index gleich null sein müssen:

$$\left(\lim_{k \to \infty} a_k = 0 \quad \wedge \quad a_k \in \mathbb{Z} \right) \quad \Rightarrow \quad a_k = 0 \text{ für alle } k > K .$$

Damit wird aus der Reihe eine endliche Summe und diese konvergiert natürlich immer.

Stetigkeit

8

ÜBERBLICK

Motivation

>> Wenn etwas „stetig" verläuft, so verheißt dies im umgangssprachlichen Gebrauch, dass es keine Brüche, Sprünge oder Risse gibt. Diese Vorstellung finden wir wieder, wenn wir an den Verlauf einer Funktion denken: Der Funktionsgraph soll für ein bestimmtes Intervall, in welchem die Funktion die mathematischen Bedingungen, die an den Begriff der Stetigkeit geknüpft werden, in einem Zug gezeichnet werden können.

Wichtige Funktionen, die wir bereits gesehen haben, wie der Sinus oder der Kosinus, erfüllen diese Forderung augenscheinlich auf den ganzen reellen Zahlen. In diesem Kapitel werden wir sehen, wie wir unsere Vorstellung mit Mitteln der Mathematik fassen können.

Stetigkeit ist auch der erste Schritt zu – nennen wir es poetisch – „schönen" Funktionen. Damit sind solche gemeint, die keinen zu wilden oder gar zerrissenen Verlauf haben (was noch zu konkretisieren ist). Der nächste Schritt wird dann bei den differenzierbaren Funktionen vollzogen, die sich als automatisch stetig erweisen werden. Diese dürfen dann, im Gegensatz zu stetigen Funktionen, nicht einmal das haben, was wir uns allgemein als Ecken oder Kanten vorstellen, wir kommen darauf auch im Kapitel zur Differenziation zurück.

Stetige Funktionen bieten uns aber auch eine Besonderheit im Hinblick auf Maxima und Minima. Solche werden wir lernen zu identifizieren, denn z. B. für eine die Leistung einer Turbine beschreibende Funktion sind sie von großer Bedeutung.

Denken wir abschließend an etwas Praktisches, an ein Flugzeug und die Funktion, welche die Flughöhe in Abhängigkeit der Flugzeit angibt. Diese Höhenfunktion sollte (unbedingt) stetig sein. Wäre sie es nicht, was würde dann ein Passagier erleben, der in diesem Flugzeug sitzt? Welches Phänomen wäre denkbar, damit die Höhe von einer Sekunde auf die andere um einige hundert Meter springt? Damit scheint der Begriff der Stetigkeit auch das Potenzial zu haben, eine Funktion in gewissen Bereichen auf ihre Plausibilität in den Anwendungen zu prüfen. <<

8.1 Grundlagen zur Stetigkeit

Wir wollen die Stetigkeit nun mit mathematischer Strenge einführen. Dazu ist es nötig, die Funktion an den uns interessierenden Stellen genau zu betrachten. Dazu müssen wir diesen Stellen beliebig nahe kommen. Wenn wir uns also einem Punkt $\tilde{x}$ aus dem Definitionsbereich der Funktion beliebig nähern wollen, machen wir dies nach bereits bekannten Methoden, nämlich über Grenzwerte von Folgen. Diese können im Allgemeinen von der linken oder rechten Seite aus zum interessierenden Punkt kommen. Weiterhin ist es wichtig, dass unsere gefundenen Ergebnisse allgemein gelten und nicht von wenigen konkreten Folgen abhängig sind. Die nachstehende Definition ist der Startpunkt für unsere weiteren Gedanken hierzu.

Definition: Linksseitiger und rechtsseitiger Grenzwert

Sei $f\colon D \to \mathbb{R}$ eine Funktion, $D \subset \mathbb{R}$ der Definitionsbereich und sei $\tilde{x} \in \mathbb{R}$.

Wenn für alle in D verlaufenden Folgen (x_k) mit $x_k < \tilde{x}$ und $x_k \to \tilde{x}$ die Bildfolgen $(f(x_k))$ stets gegen den gleichen Wert $\tilde{y}$ konvergieren – vorausgesetzt, es gibt mindestens eine solche Folge –, so heißt $\tilde{y}$ *linksseitiger Grenzwert* von f für x gegen $\tilde{x}$. Wir schreiben dann

$$\lim_{x \nearrow \tilde{x}} f(x) = \tilde{y} \, .$$

Wenn für alle in D verlaufenden Folgen (x_k) mit $x_k > \tilde{x}$ und $x_k \to \tilde{x}$ die Bildfolgen $(f(x_k))$ stets gegen den gleichen Wert $\tilde{z}$ konvergieren – vorausgesetzt, es gibt mindestens eine solche Folge –, so heißt $\tilde{z}$ *rechtsseitiger Grenzwert* von f für x gegen $\tilde{x}$. Wir schreiben dann

$$\lim_{x \searrow \tilde{x}} f(x) = \tilde{z} \, .$$

Bemerkung

Der Wert $\tilde{x}$ muss dabei nicht im Definitionsbereich von f liegen. Allerdings soll er durch Folgen im Definitionsbereich als Grenzwert erreicht werden können. Dies ist beispielsweise bei Intervallgrenzen der Fall: Für $D := \,]0, 1[$ wäre $\tilde{x} \in [0, 1]$ möglich.

Für $\tilde{x} \in D$ führen wir die Schreibweise

$$\lim_{x \to \tilde{x}} f(x) = \tilde{y}$$

ein. Dies bedeutet, dass für alle in D verlaufenden Folgen (x_k) mit $x_k \to \tilde{x}$ die Bildfolgen $(f(x_k))$ stets gegen $\tilde{y}$ konvergieren.

Gibt es im Definitionsbereich von f auch uneigentlich konvergente Folgen, also solche mit $x_k \to +\infty$ oder $x_k \to -\infty$, so können wir auch $\tilde{x} = +\infty$ bzw. $\tilde{x} = -\infty$ wählen und mit

$$\lim_{x \to +\infty} f(x) \quad \text{und} \quad \lim_{x \to -\infty} f(x)$$

das Verhalten von f im Unendlichen betrachten.

Beispiel

Die Funktion $f(x) := \frac{1}{x}$ ist für alle $x \neq 0$ definiert. Der links- und rechtsseitige Grenzwert gegen $\tilde{x} := 0$ ist

$$\lim_{x \nearrow 0} f(x) = -\infty \quad \text{und} \quad \lim_{x \searrow 0} f(x) = +\infty \, .$$

Beispiel

Im Unendlichen verhält sich f folgendermaßen:

$$\lim_{x \to -\infty} f(x) = \lim_{x \to +\infty} f(x) = 0 \, .$$

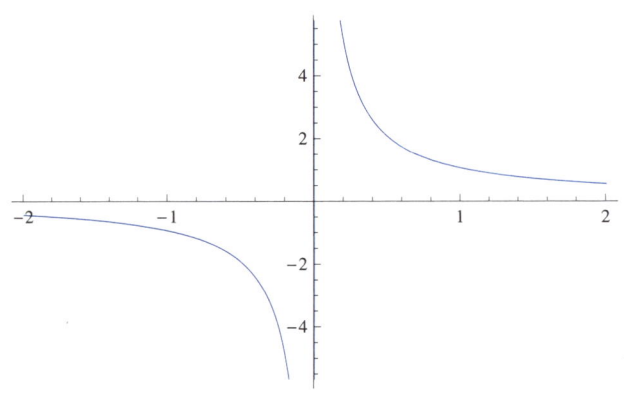

Beispiel

Sei $f \colon \mathbb{R} \to \mathbb{R}, f(x) := x^2$. Dann gilt für jede Nullfolge (x_k) in $\mathbb{R}$

$$\lim_{k \to \infty} f(x_k) = \lim_{k \to \infty} x_k^2 = 0 \, ,$$

also insgesamt

$$\lim_{x \to 0} f(x) = 0 \, .$$

Definition: Stetigkeit

Sei $f: D \to \mathbb{R}$, $D \subset \mathbb{R}$ der Definitionsbereich und sei $\tilde{x} \in D$. f heißt in $\tilde{x}$ *stetig*, falls der Grenzwert $\lim\limits_{x \to \tilde{x}} f(x)$ existiert. In diesem Fall gilt

$$\lim_{x \to \tilde{x}} f(x) = f(\tilde{x}).$$

Ist f in allen Punkten des Definitionsbereichs stetig, so heißt f *stetig auf ganz D*.

Bemerkung

Existieren für $\tilde{x} \in D$ sowohl der links- als auch der rechtseitige Grenzwert und sind diese gleich $f(\tilde{x})$, so ist f in $\tilde{x}$ stetig.

Für Folgen mit $x_k \to \tilde{x}$ ergibt sich die Schreibweise

$$\lim_{k \to \infty} f(x_k) = f\left(\lim_{k \to \infty} x_k \right).$$

Wir können uns also merken, dass bei stetigen Funktionen der Limes aus dem Funktionsargument herausgezogen werden darf. ∎

Wir betrachten noch einmal das Bild der Funktion $f(x) := \frac{1}{x}$ aus obigem Beispiel. Hier stellt sich die Frage nach der Stetigkeit im Nullpunkt nicht! Sie ist hier gar nicht definiert.

Um zu zeigen, dass f in einem Punkt $\tilde{x}$ nicht stetig ist, genügt es, zwei gegen $\tilde{x}$ konvergente Folgen $x_k \to \tilde{x}$ und $y_k \to \tilde{x}$ zu finden, deren Bildfolgen nicht den gleichen Grenzwert haben:

$$\lim_{k \to \infty} f(x_k) \neq \lim_{k \to \infty} f(y_k).$$

Alternativ genügt auch eine divergente Bildfolge, also $x_k \to \tilde{x}$, aber $\lim\limits_{k \to \infty} f(x_k)$ existiert nicht.

Fast alle Funktionen, die wir aus der Schule kennen, sind auf ganz $\mathbb{R}$ stetig. Dazu gehören Polynome $f(x) := a_n x^n + a_{n-1} x^{n-1} + \ldots + a_1 x + a_0$, die Exponentialfunktion $f(x) := e^x$, der Logarithmus $f(x) := \ln x$ sowie Sinus $f(x) := \sin x$ und Kosinus $f(x) := \cos x$. Die Funktion $f(x) := \frac{1}{x}$ ist in $x = 0$ nicht definiert, sonst aber überall stetig.

Beispiel

Wir untersuchen die Funktion $f(x) := \frac{x}{|x|}$ auf Stetigkeit im Punkt $\tilde{x} := 0$. Der linksseitige Grenzwert ist

$$\lim_{x \nearrow 0} f(x) = \lim_{x \nearrow 0} \frac{x}{-x} = -1 \, ,$$

der rechtsseitige aber

$$\lim_{x \searrow 0} f(x) = \lim_{x \searrow 0} \frac{x}{+x} = +1 \, .$$

Somit ist f in 0 nicht stetig.

Bemerkung

Es ist für viele Überlegungen unproblematisch, wenn eine Funktion nicht auf dem ganzen untersuchten Intervall stetig ist. Dabei kommt ein nützlicher Begriff ins Spiel: Eine Funktion f heißt auf $[a, b]$ *stückweise stetig*, wenn f für alle $x \in [a, b]$ – mit Ausnahme von endlich vielen Stellen – stetig ist.

Wir möchten am Ende noch einen Funktionsverlauf zum Nachdenken zeigen:

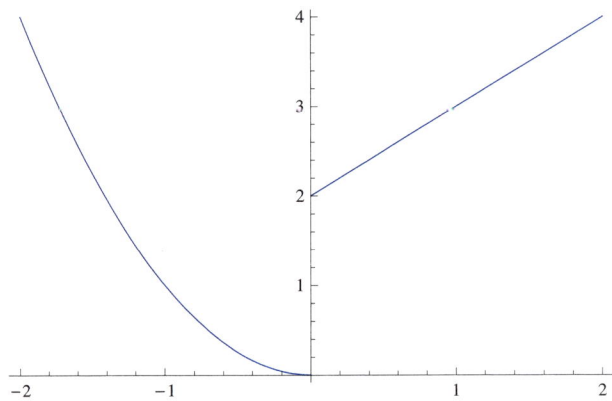

Ist diese Funktion in null stetig? Sind links- und rechtsseitiger Grenzwert gleich? Das wohl nicht. Und nach der Anschauung erfüllt die Funktion das, was wir intuitiv unstetig nennen. Aber Achtung: Es könnte sein, dass die Funktion in null gar nicht definiert ist, dann erübrigt sich die Frage nach Stetigkeit. Sie scheint zumindest stückweise stetig. Es lohnt sich nach diesen Gedanken offensichtlich immer, die Voraussetzungen genau zu beachten und alles Weitere mathematisch streng zu prüfen. Durch den Graphen selbst bekommen wir nur Hinweise.

8.2 Zusammensetzung stetiger Funktionen

Wenn bereits Funktionen als stetig bekannt sind, lassen sich daraus wieder neue stetige Funktionen konstruieren. Umgekehrt lässt sich mit der Hilfe der folgenden Regeln für die Zusammensetzung von Funktionen sagen, ob diese wieder stetig sind. Dies bringt klare Vorteile, denn wer möchte schon in jedem (vermeintlich neuen) Fall die allgemeinen Grenzwertuntersuchungen anstellen? Wir bieten nun wichtige Fakten in kompakter Form:

Satz

Summen, Differenzen, Produkte, Quotienten und Kompositionen stetiger Funktionen sind (dort wo definiert) stetig.

Da wir den Stetigkeitsbegriff auf den der Konvergenz von Folgen aufgebaut haben, ergeben sich diese Resultate aus dem Gelernten über die Konvergenz von Folgen. Wir wollen daher nur die letzte Aussage klären. Seien dazu $f_1 : D_1 \to \mathbb{R}$ und $f_2 : D_2 \to \mathbb{R}$ stetige Funktionen auf $D_k \subseteq \mathbb{R}$ und sei $f_1(D_1) \subseteq D_2$. Dann gilt für alle Folgen (x_k) in D_1:

$$
\lim_{k \to \infty} (f_2 \circ f_1)(x_k) = \lim_{k \to \infty} f_2(f_1(x_k))
$$

$$
= f_2 \left(\lim_{k \to \infty} f_1(x_k) \right) \qquad \text{(weil } f_2 \text{ stetig ist)}
$$

$$
= f_2 \left(f_1 \left(\lim_{k \to \infty} x_k \right) \right) \qquad \text{(weil } f_1 \text{ stetig ist)}
$$

$$
= f_2 \circ f_1 \left(\lim_{k \to \infty} x_k \right)
$$

Somit ist die Hintereinanderausführung $f_2 \circ f_1 : D_1 \to \mathbb{R}$ stetig.

Beispiel

Nach dem letzten Satz wird nochmals deutlich, dass Polynome stetig sind. Aber auch für rationale Funktionen gilt das, denn diese sind ja der Quotient von Polynomen.

8.3   Der Zwischenwertsatz

Folgendes können wir uns leicht vorstellen: Sind für eine stetige Funktion f auf ihrem Funktionsgraphen zwei Punkte mit $(a, f(a))$ und $(b, f(b))$ bezeichnet, dann wird die Funktion auf dem Intervall $[a, b]$ (auf dem sie definiert sein soll) alle Funktionswerte zwischen $f(a)$ und $f(b)$ annehmen. Wäre ein Wert $y \in [f(a), f(b)]$ nicht dabei, dann müsste es einen Sprung im Funktionsgraphen geben, der dafür verantwortlich ist. Dies wäre dann aber ein Widerspruch zur Stetigkeit von f.

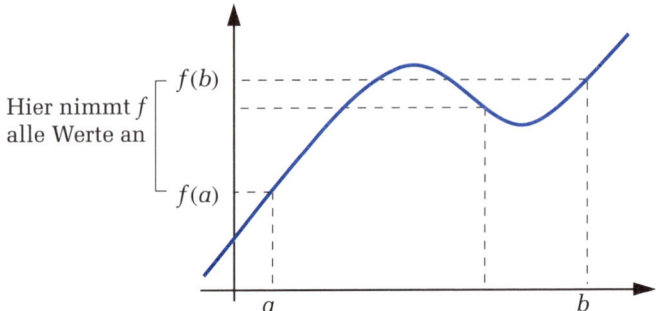

Das ist sehr plausibel, dennoch wollen wir in diesem Fall auf eine konkrete Herleitung nicht verzichten, weil wir dadurch viele weitere nützliche Dinge lernen können. Wir benötigen dafür das (bereits im Kapitel zum Thema Folgen behandelte) Häufungspunktprinzip: *Für eine Folge reeller Zahlen (x_n) in einem abgeschlossenen Intervall $[a, b]$ kann durch fortgesetztes Unterteilen des Intervalls ein Häufungspunkt konstruiert werden, indem in jedem Schritt ein Intervall ausgewählt wird, das unendlich viele Folgenglieder enthält.*

Nun machen wir etwas Besonderes und wählen stets das letzte der infrage kommenden Intervalle. Damit erhalten wir den *oberen Häufungspunkt* oder *Limes superior* der Folge $\overline{\lim} x_k$. Wählen wir hingegen das erste infrage kommende Intervall, dann führt dies zum *unteren Häufungspunkt* bzw. *Limes inferior* $\underline{\lim} x_k$.

Diese Konstruktion können wir auch für beliebige Teilmengen eines Intervalls durchführen und nicht nur wie bisher auf Folgen. Haben wir dann $M \subseteq [a, b]$ gegeben, teilen wir $[a, b]$ in z. B. zehn Intervalle und wählen aus diesen Intervallen jenes aus, welches ganz rechts auf der Zahlengeraden liegt und noch unendlich viele Punkte aus M enthält. Durch die Wiederholung dieses Verfahrens, wie beim Häufungspunktprinzip beschrieben, erhalten wir wieder einen Häufungspunkt, diesmal von M, und zwar durch das hier beschriebene Vorgehen den oberen. Analog können wir den unteren Häufungspunkt von M erhalten.

Das hier gezeigte Vorgehen wird uns sogleich bei der Erklärung des folgenden Satzes nützlich sein.

Nullstellensatz

Seien $a, b \in \mathbb{R}$ mit $a < b$ und $f \colon [a, b] \to \mathbb{R}$ eine stetige Funktion mit $f(a) < 0$ und $f(b) > 0$. Dann hat f mindestens eine Nullstelle, d. h., es existiert ein $\beta \in [a, b]$ mit $f(\beta) = 0$.

Wir betrachten dazu

$$M := \{x \in [a, b] | f(x) < 0\} \subseteq [a, b] \,.$$

Dann existiert ein oberer Häufungspunkt $\beta \in [a, b]$ von M mit $f(\beta) \leq 0$. Wir zeigen, dass β eine Nullstelle von f ist: Angenommen $f(\beta) < 0$, dann wäre f aufgrund der Stetigkeit auch in einer ε-Umgebung um β kleiner als null, also auch für ein $\tilde{x} > \beta$. Dies ist dann aber ein Widerspruch dazu, dass β oberer Häufungspunkt ist.

Dieser Satz ist nützlich, wir können uns aber noch eine Erweiterung überlegen: Sei dafür $f(b) > f(a)$ ($f(b) < f(a)$ geht natürlich auch, alles verläuft dann analog) und $c \in [f(a), f(b)]$. Dann hat die auf $[a, b]$ definierte Hilfsfunktion $g(x) := f(x) - c$ eine Nullstelle β, weil $g(a) = f(a) - c < 0$ und $g(b) = f(b) - c > 0$. Daraus folgt dann offensichtlich $f(\beta) = c$ und damit der nachstehend aufgeführte Satz.

Zwischenwertsatz

Jede stetige Funktion $f \colon [a, b] \to \mathbb{R}$ nimmt alle Werte zwischen $f(a)$ und $f(b)$ an.

8.4   Supremum, Infimum, Maximum und Minimum

Wir werden hier einige Grundlagen vorstellen, die uns noch einige Male beschäftigen werden, insbesondere auch bei der Differenziation.

Definition: Maximum, Minimum, Supremum, Infimum

Sei $f\colon D \to \mathbb{R}$.

1. Wir sagen, f nimmt in $\tilde{x} \in D$ das *(globale) Maximum* an, wenn gilt:

$$f(\tilde{x}) \geq f(x) \quad \text{für alle } x \in D \, ,$$

Schreibweise: $f(\tilde{x}) = \max\limits_{x \in D} f(x)$.

Gilt sogar $>$ anstelle des $\geq$, so sprechen wir von einem *strengen Maximum*.

2. Wir sagen, f nimmt in $\tilde{x} \in D$ das *lokale Maximum* an, falls ein $\varepsilon > 0$ existiert, sodass gilt:

$$f(\tilde{x}) \geq f(x) \quad \text{für alle } x \in D \text{ mit } |x - \tilde{x}| < \varepsilon \, .$$

3. $\tilde{y} \in \mathbb{R} \cup \{\pm\infty\}$ heißt *Supremum* von f, wenn gilt:

i) $\tilde{y} \geq f(x)$ für alle $x \in D$,

ii) es existiert eine Folge (x_n) mit Werten in D mit $\lim\limits_{n \to \infty} f(x_n) = \tilde{y}$.

Schreibweise: $\tilde{y} = \sup\limits_{x \in D} f(x)$.

Analog dazu werden *Minimum* (min), *lokales Minimum* und *Infimum* (inf) von f definiort.

Bemerkung

- Jede Funktion hat ein Supremum und ein Infimum. (Dies können wir wie im Beweis des Nullstellensatzes mit dem Häufungspunktprinzip für Mengen einsehen. Wie müssten wir dann die Menge M definieren?)

- Nicht jede Funktion nimmt ein Maximum oder Minimum an, was wir z. B. an der auf den ganzen reellen Zahlen definierten Funktion $f(x) = x$ sehen.

■ Jedes globale Maximum ist auch Supremum und lokales Maximum. Ein lokales Maximum muss allerdings kein globales Maximum sein, denn es können (jenseits der in der Definition beschriebenen ε-Umgebung) noch größere Werte vorkommen. Entsprechende Überlegungen gelten natürlich auch für Minima. ■

8.5   Maximum und Minimum für stetige Funktionen

Es gibt im Zusammenhang mit stetigen Funktionen eine Besonderheit, die nicht nur bei theoretischen Überlegungen wichtig ist.

> **Satz**   Eine stetige Funktion $f: [a, b] \mapsto \mathbb{R}$ nimmt ihr Maximum und Minimum an.

Wir werden den Beweis für das Maximum führen (für das Minimum verläuft der Beweis wieder analog), denn hierbei sehen wir sehr gut, wie einige bekannte Begriffe wieder vorkommen und erlernte Methoden wirken. Sei also $f: [a, b] \to \mathbb{R}$ eine stetige Funktion und $\tilde{y} = \sup\limits_{x \in [a,b]} f$. Können wir ein $\tilde{x} \in [a, b]$ mit $f(\tilde{x}) = \tilde{y}$ konstruieren, dann ist schon alles erledigt, da $\tilde{y} \geq f(x)$ für alle $x \in [a, b]$. Nach der Definition des Supremums wissen wir von der Existenz einer Folge (x_n) in $[a, b]$ mit $\lim\limits_{n \to \infty} f(x_n) = \tilde{y}$. Die Folge (x_n) selbst muss nicht konvergieren, aber sie ist durch die Intervallgrenzen beschränkt und enthält somit nach dem Häufungspunktprinzip eine konvergente Teilfolge (x_{n_k}) mit Grenzwert $\tilde{x} \in [a, b]$. Da die Bildfolge $(f(x_k))$ konvergent gegen $\tilde{y}$ ist, konvergiert auch deren Teilfolge $(f(x_{n_k}))$ gegen $\tilde{y}$. Da f stetig ist, gilt

$$f(\tilde{x}) = f\left(\lim_{k \to \infty} x_{n_k}\right) = \lim_{k \to \infty} f(x_{n_k}) = \tilde{y} \,.$$

Der Beweis ist eventuell nicht so leicht zu verdauen, insbesondere die Sache mit dem Häufungspunktprinzip und der Teilfolge sollten Sie für sich nochmals genau klären und vielleicht auch in den entsprechenden Abschnitten des Buches erneut nachsehen. Wenn Ihnen das momentan zu schwer erscheint, genießen Sie wenigstens das Resultat. Das garantiert uns unter den gegebenen Voraussetzungen also tatsächlich Maximum und Minimum.

Einige Fragen

- Was sind links- und rechtsseitige Grenzwerte?

- Definieren Sie Stetigkeit und unterstützen Sie Ihre Erläuterung mit Skizzen.

- Wann sind Kompositionen von Funktionen sicher stetig?

- Was besagt der Zwischenwertsatz? Zeigen Sie Kernpunkte in einer Skizze.

- Definieren Sie die Begriffe Supremum und lokales Minimum.

- Was garantiert, dass eine Funktion auf einem abgeschlossenen Intervall ein Maximum hat?

- Was ist der Unterschied zwischen Maximum und Supremum?

Aufgaben

1. Bestimmen Sie den Definitionsbereich der folgenden Funktion sowie die links- und rechtsseitigen Grenzwerte an sämtlichen Randpunkten:

$$f(x) := e^{\frac{1}{\cos x}} \ .$$

2. Für welche $a \in \mathbb{R}$ ist die Funktion

$$f(x) := \begin{cases} \ln(ax) \ , & x \geq 1 \\ \frac{x^2-1}{x-1} \ , & x < 1 \end{cases}$$

auf ganz $\mathbb{R}$ stetig?

3. Untersuchen Sie, ob die folgenden Funktionen im Punkt $x_0 := 0$ stetig ergänzt werden können:

$$f(x) := \cos\left(\frac{1}{x}\right) \ , \quad g(x) := \tan\left(\frac{1}{x}\right) \ , \quad h(x) := \sinh\left(\frac{1}{x}\right) \ .$$

4. Argumentieren Sie mit dem Zwischenwertsatz, dass jedes reelle Polynom dritten Grades mindestens eine Nullstelle hat.

5. „Eine Funktion ist stetig, wenn ihr Graph keine Lücken aufweist."

Ist das schon die ganze Wahrheit oder gibt es noch weitere Möglichkeiten?

Lösungen

1. Definiert ist $f(x) := e^{\frac{1}{\cos x}}$ auf ganz $\mathbb{R}$ bis auf die Punkte, wo im Exponenten durch null geteilt wird. Die Menge der Nullstellen von $\cos x$ ist

$$R := \left\{ \frac{\pi}{2} + k\pi \mid k \in \mathbb{Z} \right\}.$$

Somit ist $\mathbb{R} \setminus R$ der Definitionsbereich von f und R ist die Menge der Randpunkte des Definitionsbereiches. Für die Bestimmung der Grenzwerte an diesen Randpunkten zerlegen wir R in

$$R_1 := \left\{ \frac{\pi}{2} + 2k\pi \mid k \in \mathbb{Z} \right\} \quad \text{und} \quad R_2 := \left\{ -\frac{\pi}{2} + 2k\pi \mid k \in \mathbb{Z} \right\}.$$

Die linksseitigen Grenzwerte von f an Punkten $x_r \in R_1$ sind ∞, denn

$$\lim_{x \nearrow x_r} \frac{1}{\cos x} = \infty.$$

Gleiches gilt für die rechtsseitigen Grenzwerte von f an Punkten aus R_2.

Die rechtsseitigen Grenzwerte von f an Punkten $x_r \in R_1$ sind hingegen 0, denn

$$\lim_{x \searrow x_r} \frac{1}{\cos x} = -\infty.$$

Gleiches gilt für die linksseitigen Grenzwerte von f an Punkten aus R_2.

2. Zunächst einmal sind die beiden Teilfunktionen von f, $f_1(x) := \ln(ax) = \ln a + \ln x$ auf dem Intervall $]1, \infty[$ und $f_2(x) := \frac{x^2-1}{x-1} = \frac{(x-1)(x+1)}{x-1} = x + 1$ auf dem Intervall $] -\infty, 1[$ stetig.

Näher müssen wir noch den Punkt $x_0 = 1$ auf Stetigkeit untersuchen. Hier müssen der links- und rechtsseitige Grenzwert von f übereinstimmen. Der rechtsseitige Grenzwert ist

$$\lim_{x \searrow 1} f(x) = \lim_{x \searrow 1} f_1(x) = \lim_{x \searrow 1} (\ln a + \ln x) = \ln a + \ln 1 = \ln a$$

und der linksseitige

$$\lim_{x \nearrow 1} f(x) = \lim_{x \nearrow 1} f_2(x) = \lim_{x \nearrow 1} x + 1 = 2.$$

Setzen wir diese gleich und lösen nach a auf, erhalten wir, dass f lediglich für $a = e^2$ auf $\mathbb{R}$ stetig ist.

3. Da $\frac{1}{x}$ für x gegen 0 gegen $\pm\infty$ geht, müssen wir das Grenzverhalten von Kosinus, Tangens und Sinus Hyperbolicus im Unendlichen betrachten. Da Kosinus und Tangens (nicht konstante) periodische Funktionen sind, können wir – wie schon beim Sinus im Beispiel dieses Kapitels – verschiedene Nullfolgen (x_k) und (y_k) finden, sodass $(f(x_k))$ und $(f(y_k))$ wie auch $(g(x_k))$ und $(g(y_k))$ gegen unterschiedliche Werte konvergieren, womit wir gezeigt hätten, dass f und g in 0 nicht stetig ergänzt werden können. Für Sinus Hyperbolicus gilt bereits $\lim_{x \to \infty} \sinh x = \infty$, sodass auch h nicht stetig ergänzt werden kann.

4. Polynome sind stetig. Für die Existenz einer Nullstelle benötigen wir nach dem Zwischenwertsatz also nur noch, dass das Polynom sowohl negative als auch positive Werte annimmt. In der Notation des Zwischenwertsatzes sieht das so aus: Ist $f(a) = f_1 < 0$ und $f(b) = f_2 > 0$, so existiert für jeden Wert zwischen f_1 und f_2, also auch für den Wert 0, ein x_0 zwischen a und b mit $f(x_0) = 0$, unsere gesuchte Nullstelle. Dass jedes Polynom dritten Grades negative wie auch positive Werte annimmt, sehen wir am besten in der Form

$$f(x) = x^3 \left(a_3 + \frac{a_2}{x} + \frac{a_1}{x^2} + \frac{a_0}{x^3} \right)$$

schreiben. Hier sind nämlich die letzten drei Terme in den Klammern Nullfolgen (für x gegen ∞ und gegen $-\infty$), sodass der Term $x^3 a_3$ das Vorzeichen bestimmt, wenn $|x|$ nur hinreichend groß ist. Und für solch große x haben $x^3 a_3$ und $(-x)^3 a_3$ unterschiedliche Vorzeichen.

5. Natürlich gibt es Gegenbeispiele zu dieser Aussage, obwohl sich die meisten Leute unter Unstetigkeit wahrscheinlich Graphen mit Sprungstellen vorstellen. Ein Gegenbeispiel haben wir bereits kennengelernt:

$$f(x) := \begin{cases} \sin \frac{1}{x}, & x \neq 0 \\ 0, & x = 0 \end{cases}$$

ist unstetig in 0, ihr Graph enthält aber keine Lücken, wie man sie sich gemeinhin vorstellt. Vielmehr oszilliert der Graph in der Nähe von $x = 0$ so stark zwischen -1 und $+1$ hin und her, dass er jedem Wert zwischen -1 und $+1$ auf der y-Achse beliebig nahe kommt.

Differenziation

9

ÜBERBLICK

Motivation

> *Die* Variable in den Natur- und Ingenieurwissenschaften ist die Zeit. Beschreibt
> die Funktion $f(t)$ einen Prozess in Abhängigkeit von der Zeit t, so bleibt der
Ablauf des Prozesses nur dann konstant ($f(t) \equiv const$), wenn keine Veränderungen
auftreten. Treten allerdings Änderungen auf (steigt oder fällt die Funktion also), so
weiß man durch deren Bestimmung auch, was für zukünftige Zeiten passiert: Die
Änderungen sind es ja gerade, die das Geschehen widerspiegeln. In der Mathematik
heißt es, dass die momentane Änderung von $f(t)$, ausgedrückt über ihre sogenannte
Steigung, durch die Ableitung – anders gesagt: das Differenzieren – bestimmt wird.
Um diese zu verstehen, betrachten wir das folgende Bild, welches die Sekante zwischen zwei Punkten an einem Funktionsgraphen darstellt, deren Steigung wir einfach berechnen können.

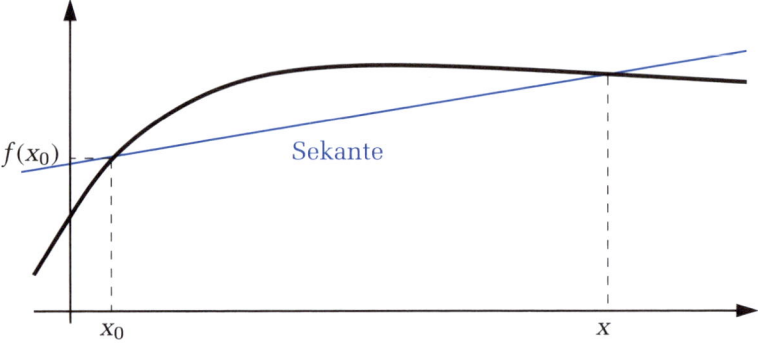

Gleichung der Sekante: $\frac{\Delta f}{\Delta x}x + b$ mit $\Delta f := f(x) - f(x_0)$ und $\Delta x := x - x_0$. Die
Steigung $\frac{\Delta f}{\Delta x}$ der Sekante gibt die Änderung von f pro Δx an. Möchten wir aber nun
nicht die Steigung der Sekante wissen, sondern die Steigung der Tangente in x_0, so
muss Δx immer kleiner werden. Wir müssen daher den Grenzwert $x \to x_0$ betrachten
und kommen dadurch zum eigentlichen Kern des Differenzierens, wie es bildlich
begreifbar ist:

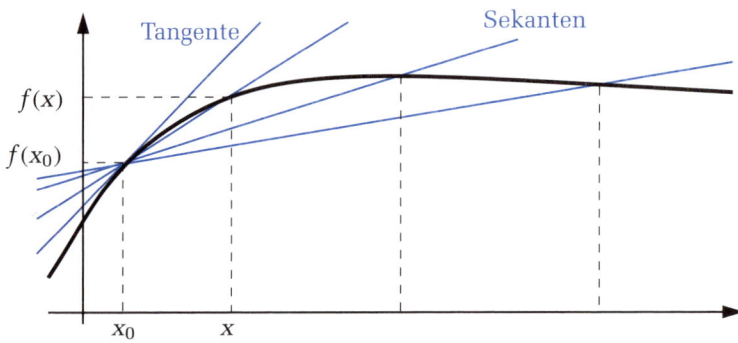

Was passiert also? Der eine (uns von der Steigung her interessierende) Punkt x_0 wird nicht verändert und wir rücken mit dem anderen Punkt immer näher an x_0 heran. Die auftretenden Sekanten gehen dann – im Laufe des Grenzwertprozesses – in die Tangente über.

Wir sehen, dass sich der Hauptgedanke des Differenzierens, nämlich das Bestimmen der Steigung einer Funktion in einem Punkt, quasi von selbst motiviert. Die Frage nach der Steigung führt nämlich direkt auf die hier gemachten Überlegungen und es ist heute kaum noch zu verstehen, welch grandiose Leistung diese Entdeckungen für Leibniz, Newton und die Mathematisierung der Natur bedeuteten.

9.1 Grundlagen zur Differenziation

Die zuvor gegebene Motivation enthält eigentlich alles, was wir zum Verständnis benötigen. Die einzige Aufgabe bleibt, das in den Skizzen dargestellte Vorgehen zu formalisieren, was in der folgenden Definition geschieht. Bitte betrachten Sie zum Verständnis nochmals genau die obige Skizze!

Definition: Differenzierbarkeit, Ableitung

Sei $f: I \to \mathbb{R}$ eine Funktion, definiert auf einem Intervall $I \subseteq \mathbb{R}$. f ist in $x_0 \in I$ *differenzierbar*, wenn der Grenzwert

$$f'(x_0) := \lim_{x \to x_0} \frac{f(x) - f(x_0)}{x - x_0} \quad \text{(Differenzialquotient)}$$

existiert. $f'(x_0)$ heißt dann *Ableitung* von f in x_0.

Die Funktion f heißt differenzierbar auf I, wenn f in allen $x_0 \in I$ differenzierbar ist.

Nach unseren Überlegungen gibt die Ableitung also die Steigung von f im betrachteten Punkt an und beschreibt somit die lokale Änderung von f.

Bemerkung

- Eine alternative Schreibweise – mit der sich zumeist etwas besser rechnen lässt – ist

$$f'(x) := \lim_{h \to 0} \frac{f(x + h) - f(x)}{h} \, .$$

Woher dies kommt, sehen wir im folgenden Bild:

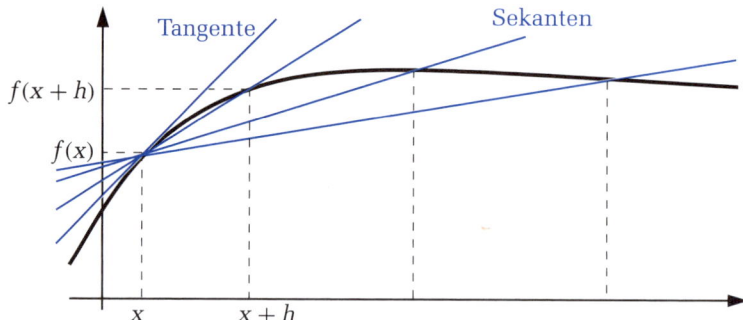

Was hat sich zu unserem vorherigen Bild verändert? Nichts (von Substanz). Der betrachtete Punkt heißt diesmal einfach x anstatt x_0. Das x_0 konnten wir natürlich vorher auch frei im betrachteten Bereich wählen, aber nun einfach ein x zu betrachten befreit uns vom Diktat, das Ganze immer x_0 zu nennen. Ferner wurde der Abstand von unserem hier untersuchten Punkt x einfach h genannt. Alles bleibt also gleich, nur die Bezeichnungen sind etwas bequemer geworden.

■ Häufig schreiben wir statt f' auch $\frac{df}{dx}$ oder, wenn f von der Zeit abhängt, $\dot{f}$ (diese Schreibweise wird von den Physikern sehr gerne verwendet). Dabei haben wir f bzw. f' an der Stelle von $f(x)$ bzw. $f'(x)$ geschrieben. Dies ist keine Unterlassung, sondern einfach nur eine gebräuchliche Abkürzung.

■ In der Definition wird alles auf einem Intervall I betrachtet. Zumeist wird dies als offen angenommen bzw. gewählt, weil das in der Theorie Vorteile bringt. Zum Beispiel in den Naturwissenschaften ist dadurch – Ausnahmen bestätigen nur diese Regel – eigentlich kein Ungemach zu erwarten. Es kann allerdings auch sein, dass wir an der Differenzierbarkeit auf einer Menge interessiert sind, die nicht aus *einem Stück* besteht, wie wir es uns als Intervall vorstellen können. Eine Funktion kann auch auf solchen Mengen differenzierbar sein. Analog zu stückweise stetigen Funktionen sprechen wir auch von stückweise differenzierbaren Funktionen.

Beispiel

Sei $f \colon \mathbb{R} \to \mathbb{R}$, $f(x) := x^2$. Es gilt

$$\frac{f(x+h) - f(x)}{h} = \frac{(x+h)^2 - x^2}{h} = \frac{2hx + h^2}{h} = 2x + h$$

und somit ist

$$f'(x) = \lim_{h \to 0} 2x + h = 2x \,.$$

Die Funktion $f(x) := |x|$ ist in $x_0 := 0$ nicht differenzierbar, denn

$$\frac{|0+h| - |0|}{h} = \frac{|h|}{h}$$

ist für $h \to 0$ nicht konvergent.

Manchmal wollen wir noch etwas mehr als nur Differenzierbarkeit. Aus theoretischen Gründen ist es nämlich teils notwendig, dass die Ableitung einer Funktion auch wieder angenehme Eigenschaften hat. Den Fall mehrfach differenzierbarer Funktionen werden wir noch behandeln. Oft genügt es aber, wenn die Ableitung einer Funktion wenigstens stetig ist:

Definition: Stetig differenzierbar

Eine Funktion f heißt stetig differenzierbar, wenn f' existiert und f' selbst wieder eine stetige Funktion ist.

Bemerkung

Die von uns wesentlich behandelten Funktionen (wie Exponentialfunktion, Polynome, Sinus, ...) sind stetig differenzierbar, Ausnahmen sind tatsächlich selten. Dennoch ist es beim Beweis von Sätzen wirklich vielfach nötig, diese Eigenschaft zu fordern, damit alles klappt.

9.2 Rechenregeln für Ableitungen

Wollen wir mit differenzierbaren Funktionen arbeiten, sind häufig einige Regeln von Vorteil, durch welche das Rechnen erleichtert wird. Diese stellen wir hier, wesentlich ohne Beweis, zusammen.

Wenn f und g differenzierbar sind, so sind auch die folgenden Funktionen – wo die Ausdrücke definiert sind – differenzierbar und deren Ableitungen sehen folgendermaßen aus:

$$\left.\begin{aligned} (f+g)'(x) &= f'(x) + g'(x) \\ (c \cdot f)'(x) &= c \cdot f'(x) \end{aligned}\right\} \qquad \text{(Linearität)}$$

$$(f \cdot g)'(x) = f'(x) \cdot g(x) + f(x) \cdot g'(x) \qquad \text{(Produktregel)}$$

$$\left(\frac{f}{g}\right)'(x) = \frac{f'(x) \cdot g(x) - f(x) \cdot g'(x)}{g^2(x)} \qquad \text{(Quotientenregel)}$$

$$(f \circ g)'(x) = f'(g(x)) \cdot g(x) \qquad \text{(Kettenregel)}$$

$$(f^{-1})'(x) = \frac{1}{f'(f^{-1}(x))} \qquad \text{(Ableitung der Umkehrfunktion)} \,.$$

Hierbei ist c eine konstante reelle Zahl.

Die Regeln haben also Namen, die Sie sich dringend merken sollten, denn sie tauchen immer wieder auf. Die ersten beiden Eigenschaften sind Hauptthema der Linearen Algebra und besagen, dass es sich beim Differenzieren um eine lineare Abbildung (auf der Menge der differenzierbaren Funktionen) handelt.

Die letzte Gleichung, welche uns oft eine immense Rechenersparnis bietet, wollen wir herleiten. Dazu differenzieren wir beide Seiten der Gleichung $f(f^{-1}(x)) = x$, die ja die Umkehrfunktion f^{-1} einer Funktion f charakterisiert (f^{-1} nimmt dabei die Rolle von g ein) und wir starten mit

$$(f(f^{-1}(x)))' = (x)' \,.$$

Nach der Kettenregel ist

$$f'(f^{-1}(x)) \cdot (f^{-1})'(x) = 1 \,,$$

und es folgt durch Umstellen

$$(f^{-1})'(x) = \frac{1}{f'(f^{-1}(x))} \,.$$

Wir wollen dies gleich an einem Beispiel üben.

Beispiel

Wir berechnen die Ableitung der Wurzelfunktion, indem wir sie als Umkehrfunktion von $f(x) := x^2$ wahrnehmen:

$$f^{-1}(x) = \sqrt{x}$$

$$f'(x) = 2x$$

$$\Rightarrow \quad (f^{-1})'(x) = \frac{1}{f'(\sqrt{x})} = \frac{1}{2\sqrt{x}} \,.$$

In Klausuren soll es vorkommen, dass Sie bestimmte Ableitungen im Kopf (oder in Ihren Unterlagen – wenn zur Klausur erlaubt) haben sollten. Daher geben wir Ihnen einige weitere Ableitungen an:

Beispiel

$$(\tan x)' = \left(\frac{\sin x}{\cos x} \right)' = \frac{\cos^2 x + \sin^2 x}{\cos^2 x}$$

$$= 1 + \tan^2 x$$

$$(\arctan x)' = \frac{1}{\tan'(\arctan x)} = \frac{1}{1 + \tan^2(\arctan x)}$$

$$= \frac{1}{1 + x^2}$$

$$(\arcsin x)' = \frac{1}{\sin'(\arcsin x)} = \frac{1}{\cos(\arcsin x)} = \frac{1}{\sqrt{1 - \sin^2(\arcsin x)}}$$

$$= \frac{1}{\sqrt{1 - x^2}}$$

$$(\text{arsinh}\, x)' = \frac{1}{\sinh'(\text{arsinh}\, x)} = \frac{1}{\cosh(\text{arsinh}\, x)} = \frac{1}{\sqrt{1 + \sinh^2(\text{arsinh}\, x)}}$$

$$= \frac{1}{\sqrt{1 + x^2}} \,.$$

Bitte versuchen Sie, diese Ableitungen zu verstehen. An dieser Stelle wird es auch spätestens Zeit daran zu erinnern, dass die Aufgaben integraler Bestandteil dieses Buches sind. Dort finden Sie weitere Übungen zum Ableiten, die vollständig gelöst sind und einfach nicht umgangen werden sollten. Es geht nämlich noch immer um den Unterschied zwischen dem Kennen und dem Beherrschen des Stoffes.

Wir möchten abschließend noch eine wichtige Bemerkung machen, deren Kenntnis Sie vor vielen Problemen bewahren kann.

Bemerkung

Sei $f: D \to \mathbb{R}$ eine auf $D \subset \mathbb{R}$ differenzierbare Funktion. Dann gilt für alle $y \in D$ die folgende Rechnung:

$$\lim_{x \to x_0} \left(f(x) - f(x_0) \right) = \lim_{x \to x_0} \frac{f(x) - f(x_0)}{x - x_0} (x - x_0)$$

$$= \lim_{x \to x_0} \frac{f(x) - f(x_0)}{x - x_0} \cdot \lim_{x \to x_0} (x - x_0)$$

$$= f'(x_0) \cdot 0 = 0 \, .$$

Dies besagt aber gerade, dass $\lim_{x \to x_0} f(x) = f(x_0)$ gilt, und wir erhalten als wichtiges Resultat: *Jede differenzierbare Funktion ist stetig.* Ferner können wir uns nun gut vorstellen, dass differenzierbare Funktionen keine, nennen wir es z. B. bei der Betragsfunktion so, Ecken oder Kanten haben dürfen, um die Kriterien für Differenzierbarkeit anschaulich zu erfüllen.

Leider wird dieser Zusammenhang oft nicht gekannt oder vergessen. Das darf nicht passieren; insbesondere sollten Sie sich merken, dass die Umkehrung nicht gilt. Es gibt also durchaus überall stetige Funktionen, die nicht überall differenzierbar sind. Wir werden nachfolgend ein Beispiel behandeln, zu dem wir beabsichtigt keine Skizze zeigen. Manchmal ist es nämlich hilfreich, sich ein eigenes Bild im Kopf zu machen, das wir allerdings textlich unterstützen.

Beispiel

Denken Sie an die Betragsfunktion $f(x) = |x|$. Diese besteht nur aus den Teilen der beiden Winkelhalbierenden in der oberen Halbebene des Koordinatensystems und ist stetig in allen Punkten von $\mathbb{R}$, was inzwischen klar sein sollte. Aber was passiert zum Nullpunkt hin, wenn wir die Tangentensteigungen für den linken Ast betrachten? Die Tangenten verlaufen parallel zu diesem Ast, haben also die Steigung -1, für den anderen Ast haben wir hingegen die Steigung $+1$. Offensichtlich ist also der linksseitige Grenzwert des Differenzialquotienten ungleich dem rechtsseitigen, egal, wie nahe wir dem Ursprung kommen. Folglich liegt für $x = 0$ keine Differenzierbarkeit vor.

9.3 Der Mittelwertsatz und Folgerungen daraus

Wir betrachten folgendes Bild:

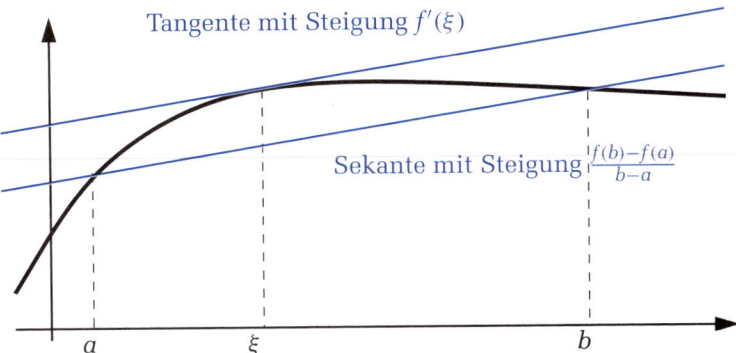

Für Intervalle $[a, b]$ im Definitionsbereich einer Funktion scheint es immer einen Punkt $\xi \in {]}a, b{[}$ zu geben, für den die Tangente an den Funktionsgraphen parallel zur Sekante durch die zu den Intervallrändern gehörenden Punkte ist. Natürlich ist dies kein Beweis! Dennoch können wir uns den Spaß machen und beliebige andere (differenzierbare) Funktionen zeichnen, die gefundene Aussage bleibt gleich.

Der Beweis selbst erfolgt zumeist über den Satz von Rolle, der bereits in der Schule behandelt wurde (bzw. hätte behandelt werden sollen). Wir werden beide Sätze hier nicht beweisen und uns mit der zuvor erarbeiteten Plausibilität begnügen.

Mittelwertsatz der Differenzialrechnung

Sei $f\colon I \to \mathbb{R}$ differenzierbar auf I. Sind $a, b \in I$, $a < b$, beliebig, so existiert ein $\xi \in {]}a, b{[}$ mit

$$f'(\xi) = \frac{f(b) - f(a)}{b - a} \ .$$

Hieraus ergibt sich der folgende Satz:

Schrankensatz

Sei $M \geq 0$. Ist $|f'(x)| < M$ für alle $x \in [a, b]$, so gilt

$$|f(b) - f(a)| < M(b - a) \ .$$

Dies ist sehr einfach einzusehen, wenn man den Mittelwertsatz akzeptiert und die Voraussetzung $|f'(x)| < M$ beachtet. Dann gilt

$$\left|\frac{f(b) - f(a)}{b - a}\right| = |f'(\xi)| < M \ .$$

Mit dem Mittelwertsatz lässt sich noch ein weiterer Satz leicht zeigen, der vielfach verwendet werden kann, da er die Monotonie einer Funktion einfach aus dem Bilden der Ableitung erkennbar macht. Und der Wissenschaftler interessiert sich nun mal häufig dafür, ob eine Funktion monoton wächst (z. B. die Bruttosozialprodukts-Funktion) oder monoton fällt (z. B. die Kerntemperatur-Funktion eines überhitzten Reaktor-Brennstabes).

Monotoniekriterium

Sei $f: I \to \mathbb{R}$ differenzierbar auf dem Intervall I und sei $f'(x) > 0$ für alle $x \in I$. Dann gilt für $a, b \in I$

$$a < b \quad \Rightarrow \quad f(a) < f(b) \ .$$

Ist f' auf ganz I positiv, so ist f streng monoton wachsend.

Ist hingegen $f'(x) < 0$ für alle $x \in I$, so gilt

$$a < b \quad \Rightarrow \quad f(a) > f(b) \ .$$

Ist f' auf ganz I negativ, so ist f streng monoton fallend.

Ist f' auf ganz I positiv, so ist nach dem Mittelwertsatz auch $\frac{f(b)-f(a)}{b-a}$ positiv. Ist $b - a > 0$, so muss also auch $f(b) - f(a) > 0$ gelten. Ist f' negativ, so auch $\frac{f(b)-f(a)}{b-a}$. Aus $b - a > 0$ folgt damit $f(b) - f(a) < 0$, was den Beweis des Monotoniekriteriums beschließt.

Bemerkung

Gilt lediglich $f'(x) \leq 0$ bzw. $f'(x) \geq 0$, so können wir mit der gleichen Argumentation $f(a) \leq f(b)$ bzw. $f(a) \geq f(b)$ folgern. Ist $f'(x) = 0$ für alle $x \in I$, so folgt damit, dass f auf I konstant ist. Das ist das sogenannte *Konstanzkriterium*. Dieses findet besonders in der Physik häufig Anwendung, weil hier alleine über die Kenntnis der Ableitung nahezu alles über die Funktion gesagt wird und in der Physik oft Aussagen über die Ableitung bekannt sind, nicht aber über die Funktion selbst. Denken wir z. B. daran, dass die Geschwindigkeit (Ableitung der Funktion des Ortes) eines Teilchens gleich null ist, dann erkennen wir jetzt sofort, dass der Ort selbst sich nicht ändert; die ihn beschreibende Funktion bleibt nämlich nach dem Konstanzkriterium konstant. ■

9.4   Höhere Ableitungen

Ist eine Funktion f differenzierbar und ist ihre Ableitung f' wiederum differenzierbar, so erhält man durch erneutes Differenzieren die sogenannte *zweite Ableitung*:

$$f'' := (f')' = \frac{d}{dx}\left(\frac{df}{dx}\right) = \frac{d^2 f}{dx^2}.$$

Ist die zweite Ableitung wieder differenzierbar, so können wir die dritte Ableitung bilden und so fort. Falls die Funktion insgesamt k-mal differenzierbar ist, erhalten wir die *k-te Ableitung*

$$f^{(k)} = \frac{d^k f}{dx^k}.$$

Es kommt häufig vor, dass f^k anstatt $f^{(k)}$ geschrieben wird (zumeist in Prüfungen). Das ist aber grob verwirrend, denn die Klammern um das k herum sind gerade deshalb da, um Verwechselungen mit der Potenz zu vermeiden.

Es bleibt die Frage, was die 0-te Ableitung ist? Sie wird als

$$f^{(0)} := f$$

definiert, also als die Funktion selbst.

■ **Beispiel**

Hat man in einer physikalischen Anwendung eine zweimal differenzierbare Funktion für die Position eines Teilchens $x(t)$ von der Zeit t gegeben – auch als Ortsfunktion bezeichnet – so nennen wir die erste Ableitung die *Geschwindigkeit* des Teilchens

$$v(t) = \dot{x}(t).$$

Die zweite Ableitung heißt *Beschleunigung*:

$$a(t) = \dot{v}(t) = \ddot{x}(t).$$

Die üblichen Formelzeichen ergeben sich durch *v*elocity und *a*cceleration.

Wir kommen später, insbesondere bei den Taylorpolynomen und Extremwerten, noch auf höhere Ableitungen zurück. Dort werden wir dann auch noch diverse Beispiele zur Berechnung sehen.

9.5 Ausflug: Sinus, Kosinus und Exponentialfunktion

Wir hatten bereits bemerkt, dass es bei der Untersuchung des Geschehens in Natur und Technik oft vorkommt, dass uns dessen Beschreibung nur über eine Funktion und ihre Ableitung(en) gelingt. So interessieren uns bei einem Teilchen (wie oben bereits behandelt) zumeist die Position (die Ortsfunktion), die Geschwindigkeit (Ableitung der Ortsfunktion) und die Beschleunigung, die dieses erfährt (Ableitung der Ableitung der Ortsfunktion). Suchen wir nun die Ortsfunktion selbst, sind uns aber über eine Gleichung (oder eine Messung) nur die Ableitungen der gesuchten Ortsfunktion zugänglich, müssen wir genau diese Gleichung verwenden, um unser Ziel zu erreichen. Bei der mathematischen Beschreibung natürlicher Prozesse treten sehr häufig solche sogenannten Differenzialgleichungen auf. Dies sind also – wir fassen zusammen – Gleichungen, in denen eine zu bestimmende Funktion zusammen mit ihren Ableitungen vorkommt oder gar nur Ableitungen der Funktion selbst. Dies zeigen wir im Folgenden exemplarisch und stellen damit den Sinus und Kosinus auf eine feste mathematische Grundlage.

Bitte beachten Sie, dass unsere Ausführungen im hier gesetzten Rahmen lückenhaft bleiben müssen. So machen wir u. a. in heimlicher Stille vom Existenz- und Eindeutigkeitssatz für gewöhnliche Differenzialgleichungen Gebrauch, der hier eigentlich nicht Thema ist. Dennoch halten wir unseren Ansatz für voll vertretbar, denn durch das Akzeptieren einiger mathematischer Tatsachen wird klar, was sonst nur mit einem deutlich größeren Apparat erreichbar gewesen wäre, der an dieser Stelle wohl mehr verschleiert als enthüllt. Es handelt sich aber hier wirklich nur um einen Ausflug, der uns neue Einsichten bietet, ohne dass wir am Ausflugsort verweilen möchten.

9.5.1 Schwingung eines Pendels

Wir betrachten ein Federpendel idealisiert, d. h. ohne Störungen wie Reibung, mit der Masse m und der Federkonstanten k.

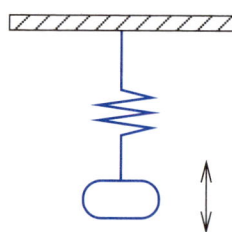

Die Kraft F bei der Auslenkung $y(t)$ des Pendels ist proportional zu $y(t)$ und zu k, also $F(t) = -ky(t)$ (das Vorzeichen entspringt wesentlich einer Konvention). Durch das zweite Newtonsche Gesetz folgt $F = m\ddot{y}$ und damit

$$m\ddot{y}(t) + ky(t) = 0 \quad \text{für alle } t \,.$$

Dies ist eine sogenannte Differenzialgleichung (homogen, linear, zweiter Ordnung). Da hier ein Pendel beschrieben wird, ist klar, dass eine periodische Lösungsfunktion $y(t)$ zu erwarten ist.

Wir behandeln ab jetzt den einfachen Fall $m = k = 1$, also

$$\ddot{y}(t) + y(t) = 0 \quad \text{für alle } t \,.$$

Wichtig für die Bewegung des Pendels sind

■ die Anfangsauslenkung $y(0)$ und

■ die Anfangsgeschwindigkeit $\dot{y}(0)$.

Sind die Anfangswerte vorgegeben, so hat das sogenannte Anfangswertproblem – also die Differenzialgleichung zusammen mit den Anfangswerten – genau eine Lösung, wie aus der Theorie der Differenzialgleichungen gelernt werden kann. Wir wählen besonders einfache Anfangswerte

$$y(0) = 0 \,, \quad \dot{y}(0) = 1 \quad \text{einerseits und andererseits} \quad y(0) = 1 \,, \quad \dot{y}(0) = 0 \,.$$

Die Lösungsfunktionen nennen wir

$$y(t) = \sin t \quad \text{bzw.} \quad y(t) = \cos t \,.$$

9.5.2 Eigenschaften von Sinus und Kosinus

Bitte beachten Sie, dass unsere Aussagen erneut wesentlichen Gebrauch von der Theorie der Differenzialgleichungen machen. Erschrecken Sie also nicht, wenn Ihnen einige – als Fakten präsentierte – Aussagen neu erscheinen.

Nach der Differenzialgleichung, die Sinus und Kosinus erfüllen, gilt (Punkte an den Funktionen bedeuten Ableitungen)

$$(\sin)^{\bullet\bullet}(t) = -\sin t \quad \text{und} \quad (\cos)^{\bullet\bullet}(t) = -\cos t$$

und nach den Anfangswerten

$$\sin 0 = 0 \,, \quad (\sin)^{\bullet}(0) = 1 \quad \text{und} \quad \cos 0 = 1 \,, \quad (\cos)^{\bullet}(0) = 0 \,.$$

Leiten wir jeweils beide Seiten von (9.5.2) ab, sehen wir, dass die Ableitung $g(t) := (\sin)^\bullet(t)$ von Sinus und die Ableitung $h(t) := (\cos)^\bullet(t)$ von Kosinus die gleiche Differenzialgleichung erfüllen wie Sinus und Kosinus auch. Ihre Anfangswerte sind

$g(0) = (\sin)^\bullet(0) = 1$ und $\dot{g}(0) = (\sin)^{\bullet\bullet}(0) = -\sin 0 = 0$ sowie

$h(0) = (\cos)^\bullet(0) = 0$ und $\dot{h}(0) = (\cos)^{\bullet\bullet}(0) = -\cos 0 = -1$.

$g(t)$ erfüllt also das gleiche Anfangswertproblem wie $\cos t$ und muss mit diesem identisch sein. Ähnlich erfüllt $h(t)$ das gleiche Anfangswertproblem wie $-\sin t$ und muss damit identisch sein. Wir haben somit herausgefunden, dass

$$(\sin)^\bullet(t) = \cos t \quad \text{und} \quad (\cos)^\bullet(t) = -\sin t \ .$$

Ebenso erfüllt $-\sin(-t)$ das gleiche Anfangswertproblem wie $\sin t$ und $\cos(-t)$ erfüllt das gleiche wie $\cos t$. Somit gilt auch

$$\sin(-t) = -\sin t \quad \text{(Sinus ist gerade)},$$

$$\cos(-t) = \cos t \quad \text{(Kosinus ist gerade)}.$$

Die Ableitung von $\sin^2 t + \cos^2 t$ ist (nach der Kettenregel oder Produktregel, ganz wie Sie wollen) $2\sin t \cos t + 2\cos t(-\sin t) = 0$. Somit ist $\sin^2 t + \cos^2 t$ konstant und diese Konstante können wir bei $t = 0$ bestimmen, denn dafür kennen wir bereits die Werte: $\sin^2 0 + \cos^2 0 = 0^2 + 1^2 = 1$. Also gilt für alle $t \in \mathbb{R}$

$$\sin^2 t + \cos^2 t = 1 \ .$$

Wir wollen unsere Untersuchungen nicht zu weit führen und gehen nun zurück zum Anfang unserer Betrachtungen zu Sinus und Kosinus, nach denen diese Funktionen als Lösungen einer Schwingungsgleichung periodisch sein müssen; die Periode ist hier jeweils 2π. Auch dies lässt sich natürlich beweisen. Für die Funktionsgraphen und einige andere Informationen der genannten Funktionen verweisen wir Sie zurück auf das Kapitel über wichtige Funktionen.

9.5.3 Exponentialfunktion

Noch eine weitere Funktion lässt sich in diesem Ausflug genauer behandeln: Die Exponentialfunktion ist die Funktion, welche sich beim Ableiten selbst reproduziert, also die Differenzialgleichung

$$y - y' = 0$$

erfüllt. Diese ist die Funktion im Bereich der Ingenieur- und Naturwissenschaften, welche bei Wachstums- und Zerfallsprozessen die Hauptrolle spielt. Wiederum erhalten wir durch Vorgabe von Anfangswerten, diesmal $y(0) = 1$, eine eindeutige Lösungsfunktion des Anfangswertproblems, nämlich

$$y(x) = \exp x = e^x \ .$$

9.6 Die Regel von l'Hospital

Inzwischen haben wir nun gute Kenntnisse im Bereich des Ableitens und wissen bereits einiges über die Anwendungsmöglichkeiten der erworbenen Fähigkeiten. Es gibt aber noch ein wenig mehr, was wir wissen sollten, nämlich eine einfache Regel zum Berechnen von Grenzwerten von Verhältnissen. Wenn wir nämlich

$$\lim_{x \to x_0} \frac{f(x)}{g(x)}$$

berechnen möchten, aber sowohl die Zähler- als auch die Nennerfunktion gegen 0 gehen, was erwarten wir dann? Existiert dennoch ein Grenzwert? Wie untersuchen wir dies? Nun, wir machen von dem Erlernten über die Bedeutung der Ableitung Gebrauch:

Nahe bei x_0 werden f und g durch ihre Tangenten mit Steigungen $f'(x_0)$ bzw. $g'(x_0)$ approximiert. Je näher wir also an diesen Punkt x_0 kommen, desto weniger Unterschied gibt es zwischen den Funktionen und der Approximation. Demnach können wir einsehen, dass auch das Verhältnis der Funktionen im Grenzwert dem Verhältnis ihrer Tangenten an x_0 entspricht. Und Letzteres ist sehr einfach zu bestimmen: Die Tangentengleichungen sind

$$t_f(x) = f'(x_0)(x - x_0) \quad \text{und} \quad t_g(x) = g'(x_0)(x - x_0) \, ,$$

denn die Ableitungen geben ja gerade die Steigungen der Funktionen in x_0 an und nach unserer Voraussetzung haben beide Funktionen bei x_0 eine Nullstelle. Für das Verhältnis der Tangenten folgt:

$$\lim_{x \to x_0} \frac{t_f(x)}{t_g(x)} = \lim_{x \to x_0} \frac{f'(x_0)(x - x_0)}{g'(x_0)(x - x_0)} = \lim_{x \to x_0} \frac{f'(x_0)}{g'(x_0)} = \frac{f'(x_0)}{g'(x_0)} \, .$$

Wir können also in solch einem Fall die Funktionen durch ihre Ableitungen ersetzen. Diesen Sachverhalt hat Guillaume François Antoine, Marquis de l'Hospital (1661–1704) herausgefunden und exakt bewiesen, dessen Satz nun folgt, natürlich in einer präziseren und allgemeineren Variante als wir ihn gerade erdacht haben.

Regel von l'Hospital

Seien $f, g: I \to \mathbb{R}$ auf dem offenen Intervall I differenzierbar, und für $x_0 \in \mathbb{R}$ gelte entweder

$$\lim_{x \to x_0} f(x) = \lim_{x \to x_0} g(x) = 0$$

oder

$$\lim_{x \to x_0} f(x), \lim_{x \to x_0} g(x) \in \{\pm\infty\} \,.$$

Ferner sei $g'(x) \neq 0$ für alle x in einer Umgebung von x_0 und

$$\lim_{x \to x_0} \frac{f'(x)}{g'(x)} = \alpha$$

mit $\alpha \in \mathbb{R} \cup \{\pm\infty\}$. Dann gilt

$$\lim_{x \to x_0} \frac{f(x)}{g(x)} = \alpha \,.$$

Den Fall, in dem f und g gegen unendlich gehen, haben wir oben indirekt behandelt, denn er ergibt sich, wenn wir die Kehrwerte der Funktionen betrachten:

$$\lim_{x \to x_0} \frac{f(x)}{g(x)} = \lim_{x \to x_0} \frac{\frac{1}{g(x)}}{\frac{1}{f(x)}} \,.$$

Mit $f(x), g(x) \to \infty$ gehen nun sowohl der Zähler $\frac{1}{g(x)}$ wie der Nenner $\frac{1}{f(x)}$ gegen 0 und das kennen wir bereits.

In der Formulierung des Satzes sehen wir weiterhin, dass wir $\lim_{x \to x_0} \frac{f(x)}{g(x)}$ nicht direkt durch $\frac{f'(x_0)}{g'(x_0)}$ ersetzen dürfen, sondern durch $\lim_{x \to x_0} \frac{f'(x)}{g'(x)}$, und das auch nur, wenn jener Term definiert ist. Dennoch kommt diese Regel tatsächlich oft auch bei Berechnungen in der Praxis vor. Viele Grenzwerte bekommt man ohne ihre Verwendung gar nicht heraus; also dringend merken.

Beispiel

- Wir starten mit einem Standardbeispiel:

$$\lim_{x \to 0} \frac{\sin x}{x} = \lim_{x \to 0} \frac{\cos x}{1} = \cos(0) = 1 \ .$$

- Das Prinzip ist schon aus dem Satz selbst klar. Wir wollen daher noch etwas (Nichtoffensichtliches) untersuchen, was uns auch neue Einblicke beim Bilden einer speziellen Ableitung liefert. Wir betrachten

$$\lim_{x \searrow 0} x^x$$

und machen zuerst folgende Umformung $x^x = e^{x \cdot \ln x}$. Da die Exponentialfunktion stetig ist, können wir den Limes in den Exponenten ziehen und uns auf diesen konzentrieren:

$$x \cdot \ln x = \frac{\ln x}{\frac{1}{x}} \ .$$

Zähler und Nenner divergieren hier für den betrachteten Grenzwert und nach l'Hospital folgt:

$$\lim_{x \searrow 0} \frac{\ln x}{\frac{1}{x}} = \lim_{x \searrow 0} \frac{\frac{1}{x}}{-\frac{1}{x^2}} = \lim_{x \searrow 0} -x = 0 \ .$$

Insgesamt ist $\lim_{x \searrow 0} x^x = e^0 = 1$.

Einige Fragen

■ Was ist eine Sekante, was eine Tangente?

■ Wie ist der Differenzialquotient einer Funktion definiert?

■ Wann existiert für eine Funktion keine Ableitung?

■ Kennen Sie stetig differenzierbare Funktionen?

■ Was besagt die Kettenregel?

■ Skizzieren Sie die Aussagen des Mittelwertsatzes und nennen Sie seine Voraussetzungen.

■ Beweisen Sie den Schrankensatz.

■ Wie ist die dritte Ableitung einer entsprechend oft differenzierbaren Funktion definiert?

■ Was wissen Sie über Differenzialgleichungen und ihre Anwendung bei Schwingungsphänomenen?

■ Was steckt als Idee hinter der Regel von l'Hospital?

Aufgaben

1. Berechnen Sie die Ableitung des natürlichen Logarithmus $g(x) := \ln x$, indem Sie die Funktion als Umkehrabbildung der Exponentialfunktion $f(x) := e^x$ auffassen.

2. Zeigen Sie, dass die Ableitung einer geraden Funktion ungerade ist und dass die Ableitung einer ungeraden Funktion gerade ist.

3. Differenzieren Sie die Funktionen

$$f_1(x) := \sqrt{1 - \cos x}, \quad f_2(x) := \ln\sqrt{x}, \quad f_3(x) := e^{(e^x)}, \quad f_4(x) := \arccos x.$$

4. Zeigen Sie mithilfe des Mittelwertsatzes

$$e^x \geq 1 + x.$$

5. Die Exponentialfunktion $y(x) := e^x$ genügt dem Anfangswertproblem

$$y' = y, \quad y(0) = 1.$$

Leiten Sie daraus die Eigenschaften $e^{-x} = \frac{1}{e^x}$ sowie $e^x > 0$ für alle $x \in \mathbb{R}$ her.
Hinweis: Betrachten Sie die Hilfsfunktion $f(x) := y(x)y(-x)$.

6. Überprüfen Sie jeweils, ob die Voraussetzungen für den Satz von l'Hospital erfüllt sind und berechnen Sie die Grenzwerte:

$$\lim_{x\to 0}\frac{1-\cos x}{\sin x}, \quad \lim_{x\to 0}\frac{1-\cos x}{\sin x^2},$$

$$\lim_{x\to\infty}\frac{\sinh x}{\cosh x}, \quad \lim_{x\to\infty}\frac{x}{\sinh x},$$

$$\lim_{x\to 1}\frac{\ln x}{x-1}, \quad \lim_{x\to\infty}\frac{\ln x}{x^k}, \quad > 0.$$

Lösungen

1. Es ist $g = f^{-1}$ und damit

$$g'(x) = \left(f^{-1}\right)'(x) = \frac{1}{f'(f^{-1}(x))} = \frac{1}{f'(g(x))} = \frac{1}{e^{\ln x}} = \frac{1}{x}.$$

2. Gerade Funktionen f sind durch die Gleichung $f(-x) = f(x)$ charakterisiert. Leiten wir diese Gleichung ab:

$$-f'(-x) = f'(x),$$

so erhalten wir die charakterisierende Gleichung für ungerade Funktionen. f' ist also ungerade.

Differenzieren wir andererseits die Gleichung $g(-x) = -g(x)$, welche ungerade Funktionen beschreibt, so erhalten wir

$$-g'(-x) = -g'(x),$$

was uns nach Kürzen des Vorzeichens g' als gerade Funktion überführt.

3. Vorweg zur Erinnerung die Ableitung der Wurzelfunktion: $\left(\sqrt{x}\right)' = \frac{1}{2\sqrt{x}}$.

$$f_1'(x) = \left(\sqrt{1-\cos x}\right)' = \frac{1}{2\sqrt{1-\cos x}} \cdot (1-\cos x)' = \frac{\sin x}{2\sqrt{1-\cos x}}$$

$$f_2'(x) = \left(\ln\sqrt{x}\right)' = \frac{1}{\sqrt{x}} \cdot \left(\sqrt{x}\right)' = \frac{1}{\sqrt{x}} \cdot \frac{1}{2\sqrt{x}} = \frac{1}{2x}$$

$$f_3'(x) = \left(e^{(e^x)}\right)' = e^{(e^x)} \cdot \left(e^x\right)' = e^{(e^x)} \cdot e^x = e^{(e^x+x)}$$

$$f_4'(x) = (\arccos x)' = \frac{1}{\cos'(\arccos x)} = \frac{1}{-\sin(\arccos x)} = \frac{-1}{\sqrt{1-\cos^2(\arccos x)}}$$

$$= \frac{-1}{\sqrt{1-x^2}}$$

4. Für $x < 0$ wählen wir die Intervallgrenzen beim Mittelwertsatz zu $a := x$ und $b := 0$:

$$e^\xi = \frac{e^0 - e^x}{0 - x} = \frac{1 - e^x}{-x}$$

$$\Rightarrow \quad -xe^\xi = 1 - e^x$$

$$\Rightarrow \quad e^x = 1 + xe^\xi .$$

Schließlich ist für negative x $xe^\xi > x$.

Für $x > 0$ wählen wir die Intervallgrenzen beim Mittelwertsatz zu $a := 0$ und $b := x$:

$$e^\xi = \frac{e^x - e^0}{x - 0} = \frac{e^x - 1}{x}$$

$$\Rightarrow \quad xe^\xi = e^x - 1$$

$$\Rightarrow \quad e^x = 1 + xe^\xi .$$

Schließlich ist wiederum für positive x: $xe^\xi > x$.

Fehlt noch der Fall $x = 0$, wo Gleichheit herrscht:

$$e^0 = 1 + 0 .$$

5. Wir leiten zunächst einmal die Hilfsfunktion ab:

$$f'(x) = y'(x)y(-x) + y(x)(-y'(-x)) = y(x)y(-x) - y(x)y(-x) = 0 .$$

Somit ist f konstant und mit dem Anfangswert erhalten wir die Konstante $f(0) = y(0)y(-0) = 1$. Wir haben also den ersten Teil der Aufgabe gezeigt, denn

$$e^{-x} = y(-x) = \frac{1}{y(x)} = \frac{1}{e^x} .$$

Angenommen, es gäbe ein $x_0 > 0$ mit $y(x_0) \leq 0$. Nach dem Zwischenwertsatz gäbe es dann eine Nullstelle b mit $0 < b \leq x_0$. Falls es mehrere solcher Nullstellen gibt, nehmen wir die kleinste, sodass y auf dem Intervall $[0, b[$ positiv ist. (Beachten Sie, dass y differenzierbar und damit auch stetig ist.) Der Mittelwert sagt nun aber ein $\xi \in]0, b[$ mit

$$y'(\xi) = \frac{y(b) - y(0)}{b - 0} = \frac{-1}{b} < 0$$

voraus, womit nach der Differenzialgleichung auch $y'(\xi) = y(\xi) < 0$ wäre. Dies ist ein Widerspruch dazu, dass y auf ganz $[0, b[$ positiv ist. Somit ist $y(x) > 0$ für alle $x > 0$.

Für $x < 0$ ergibt sich die Behauptung dann einfach daraus, dass wir bereits wissen: $e^{-x} = \frac{1}{e^x}$.

Der Fall $x = 0$ ist schließlich durch den Anfangswert direkt geregelt.

6. Um die Voraussetzungen des Satzes von l'Hospital zu prüfen, vergleichen wir jeweils die Grenzwerte von Zähler und Nenner:

$$\lim_{x \to 0} (1 - \cos x) = \lim_{x \to 0} \sin x = 0$$

$$\lim_{x \to 0} (1 - \cos x) = \lim_{x \to 0} \sin x^2 = 0$$

$$\lim_{x \to \infty} \sinh x = \lim_{x \to \infty} \cosh x = \infty$$

$$\lim_{x \to \infty} x = \lim_{x \to \infty} \sinh x = \infty$$

$$\lim_{x \to 1} \ln x = \lim_{x \to 1} (x - 1) = 0$$

$$\lim_{x \to \infty} \ln x = \lim_{x \to \infty} x^k = \infty .$$

Demnach sind überall die Voraussetzungen erfüllt und wir dürfen versuchen, die Grenzwerte über die Ableitungen von Zähler und Nenner zu bestimmen:

$$\lim_{x \to 0} \frac{1 - \cos x}{\sin x} = \lim_{x \to 0} \frac{\sin x}{\cos x} = \frac{0}{1} = 0$$

$$\lim_{x \to 0} \frac{1 - \cos x}{\sin x^2} = \lim_{x \to 0} \frac{\sin x}{2x \cos x^2} = ?$$

$$\lim_{x \to \infty} \frac{\sinh x}{\cosh x} = \lim_{x \to \infty} \frac{\cosh x}{\sinh x} = ?$$

$$\lim_{x \to \infty} \frac{x}{\sinh x} = \lim_{x \to \infty} \frac{1}{\cosh x} = 0$$

$$\lim_{x \to 1} \frac{\ln x}{x - 1} = \lim_{x \to 1} \frac{\frac{1}{x}}{1} = 1$$

$$\lim_{x \to \infty} \frac{\ln x}{x^k} = \lim_{x \to \infty} \frac{\frac{1}{x}}{k x^{k-1}} = \lim_{x \to \infty} \frac{1}{k x^k} = 0 .$$

Beim zweiten Bruch haben wir nach der Anwendung des Satzes von l'Hospital ähnliche Schwierigkeiten wie zuvor, denn die Ableitungen von Zähler und Nenner konvergieren beide gegen 0:

$$\lim_{x \to 0} (\sin x) = \lim_{x \to 0} 2x \cos x^2 = 0 .$$

Somit erfüllt der Bruch der Ableitungen erneut die Voraussetzungen des Satzes von l'Hospital und wir können einfach den Satz noch einmal anwenden:

$$\lim_{x \to 0} \frac{1 - \cos x}{\sin x^2} = \lim_{x \to 0} \frac{\sin x}{2x \cos x^2} = \lim_{x \to 0} \frac{\cos x}{2 \cos x^2 - 4x^2 \sin x^2} = \frac{1}{2} .$$

Beim dritten Bruch bringt uns selbst nochmaliges Anwenden des Satzes von l'Hospital nicht weiter. Wir erhalten lediglich, womit wir begonnen haben. Vielleicht hilft uns die Darstellung der Hyperbolicusfunktionen mit der Exponentialfunktion weiter:

$$\lim_{x \to \infty} \frac{\sinh x}{\cosh x} = \lim_{x \to \infty} \frac{\frac{1}{2}\left(e^x - e^{-x}\right)}{\frac{1}{2}\left(e^x + e^{-x}\right)} = \lim_{x \to \infty} \frac{\left(1 - e^{-2x}\right)}{\left(1 + e^{-2x}\right)} = 1 .$$

Potenzreihen

10

ÜBERBLICK

Motivation

》 Durch Potenzreihen stellen wir hier eine natürliche Verallgemeinerung der zuvor bereits betrachteten Reihen vor. Es handelt sich dabei allerdings nicht um die Befriedigung eines puren Abstraktionswunsches, sondern um etwas wirklich Nützliches. Der Mathematiker empfindet alleine bei der Betrachtung solcher Objekte Freude, als Anwender ist aber noch mehr interessant. So wird sich zeigen, dass die Potenzreihen den Schlüssel zur Approximation von Funktionen darstellen. So lassen sich zahlreiche unhandliche Funktionen durch Potenzreihen darstellen, was dann viele Überlegungen vereinfacht. Dies wird bei den danach behandelten Taylorreihen besonders deutlich, die ein höchst wichtiger Spezialfall von Potenzreihen sind. 《

10.1 Grundlegendes zu Potenzreihen

Definition: Potenzreihe

Eine Reihe der Form $\sum_{k=0}^{\infty} a_k(x - x_0)^k$ mit a_k, x, $x_0 \in \mathbb{K}$ heißt *Potenzreihe* mit *Entwicklungspunkt* x_0.

■ Beispiel

Die einfachste und zugleich eine der wichtigsten Potenzreihen kennen wir bereits mit der geometrischen Reihe

$$\sum_{k=0}^{\infty} x^k .$$

Hier ist der Entwicklungspunkt $x_0 = 0$, das x ist wirklich eine reelle Variable und alle Koeffizienten sind $a_k = 1$.

Eine Potenzreihe definiert uns eine Funktion in x, die überall dort definiert ist, wo die Potenzreihe konvergiert. Letzteres ist zumindest immer im Entwicklungspunkt der Fall, denn hier ist

$$P(x_0) = \sum_{k=0}^{\infty} a_k(x_0 - x_0)^k = \sum_{k=0}^{\infty} a_k 0^k = a_0 0^0 = a_0 \, .$$

Wir wollen mithilfe des Quotientenkriteriums versuchen, weitere Konvergenzpunkte zu finden. Das klingt auf den ersten Blick vielleicht überraschend, denn bisher hatten wir bei den Konvergenzuntersuchungen mittels der Konvergenzkriterien für Reihen keine Variablen im Spiel. Wir vertrauen aber darauf, dass die Kriterien gut funktionieren und wir die Variable bei einer Untersuchung nicht verlieren. Durch Umsetzung dieser Idee kommen wir auf die folgenden Koeffizienten, welche wir beim Quotientenkriterium untersuchen müssen: $b_k := a_k(x - x_0)^k$. Damit gilt

$$\left| \frac{b_{k+1}}{b_k} \right| = \left| \frac{a_{k+1}(x - x_0)^{k+1}}{a_k(x - x_0)^k} \right| = \left| \frac{a_{k+1}}{a_k} \right| |x - x_0| \, .$$

Somit sind die Voraussetzungen des Quotientenkriteriums für alle x mit

$$\lim_{k \to \infty} \left| \frac{a_{k+1}}{a_k} \right| |x - x_0| < 1 \, ,$$

also mit

$$|x - x_0| < \lim_{k \to \infty} \left| \frac{a_k}{a_{k+1}} \right| =: R$$

erfüllt. Ist hingegen $|x - x_0| > R$, so ist $\left| \frac{b_{k+1}}{b_k} \right| > 1$ für fast alle $k \in \mathbb{N}$. Damit können die b_k nicht einmal mehr eine Nullfolge bilden und die Reihe muss divergieren. Zusammenfassend haben wir Folgendes gezeigt:

Satz

Sei $P(x) := \sum_{k=0}^{\infty} a_k(x - x_0)^k$ eine Potenzreihe und

$$R := \lim_{k \to \infty} \left| \frac{a_k}{a_{k+1}} \right| \, .$$

Dann konvergiert die Potenzreihe für alle x mit $|x - x_0| < R$ und divergiert für alle x mit $|x - x_0| > R$.

Da die obigen Untersuchungen auch für komplexe Potenzreihen gelten, also für $x \in \mathbb{C}$, konvergiert eine Potenzreihe innerhalb eines Kreises mit Radius R um x_0 in der komplexen Ebene und divergiert außerhalb des Kreises. Aus diesem Grund wird R *Konvergenzradius* genannt.

Für $|x - x_0| = R$ können wir keine allgemeinen Aussagen treffen. Dies muss von Fall zu Fall separat untersucht werden.

Wir wollen uns nun noch zwei Beispiele ansehen, wobei das erste besonders ausführlich nochmals auf die Erläuterung eingeht, die zu obigem Satz geführt hat.

Beispiel

Wir untersuchen die Potenzreihe $\sum\limits_{k=1}^{\infty} \frac{x^k}{k2^k}$ als reelle Potenzreihe.

Hier ist $x_0 = 0$ und $a_k = \frac{1}{k2^k}$. Für jedes $x \in \mathbb{R}$ stellt dies eine gewöhnliche Reihe mit den Reihengliedern $b_k := a_k(x - x_0)^k = \frac{x^k}{k2^k}$ dar. Anwenden des Quotientenkriteriums liefert:

$$
\left| \frac{b_{k+1}}{b_k} \right| = \frac{\frac{|x|^{k+1}}{(k+1)2^{k+1}}}{\frac{|x|^k}{k2^k}}
$$

$$
= \frac{|x|^{k+1}}{|x|^k} \frac{k2^k}{(k+1)2^{k+1}}
$$

$$
= \frac{|x|}{2} \frac{k}{k+1} \xrightarrow[k\to\infty]{} \frac{|x|}{2} \ .
$$

Das Quotientenkriterium ist also erfüllt – und damit die Potenzreihe konvergent – falls $|x| < 2$ gilt. Nun sind für die Randpunkte des Konvergenzintervalls, also für $|x| = 2$, zwei Fälle zu unterscheiden:

- $x = 2$: Die Potenzreihe ist an dieser Stelle die harmonische Reihe $\sum\limits_{k=1}^{\infty} \frac{1}{k}$, also divergent.

- $x = -2$: Die Potenzreihe ist an dieser Stelle die alternierende harmonische Reihe $\sum\limits_{k=1}^{\infty} \frac{(-1)^k}{k}$, welche nach dem Leibniz-Kriterium konvergiert.

Für $|x| > 2$ stellen wir fest, dass die Reihenglieder keine Nullfolge bilden und die Potenzreihe deshalb divergiert.

Beispiel

Die reelle Potenzreihe $P(x) := \sum_{k=1}^{\infty} \frac{1}{k} x^k$ hat den Entwicklungspunkt $x_0 = 0$ und den Konvergenzradius

$$R = \lim_{k \to \infty} \left| \frac{\frac{1}{k}}{\frac{1}{k+1}} \right| = \lim_{k \to \infty} \frac{k+1}{k} = 1 \,.$$

Die Randpunkte des Konvergenzkreises (bzw. des Konvergenzintervalls) sind -1 und $+1$. Bei $x := -1$ wird die Potenzreihe zur alternierenden harmonischen Reihe, welche konvergent ist. Bei $x := +1$ wird sie zur divergenten harmonischen Reihe. Insgesamt konvergiert die Potenzreihe also genau auf dem Intervall $[-1, 1[$.

Bemerkung

Wir müssen beachten, dass nach unseren Überlegungen auch $R = \infty$ zulässig ist. Dies ist ein besonders wichtiger Fall, denn damit haben wir durch diverse Potenzreihen auf ganz $\mathbb{R}$ bzw. $\mathbb{C}$ definierte Funktionen gegeben. Ferner ist von größter Bedeutung, dass zahlreiche Funktionen durch Potenzreihen gegeben sind, wie nachstehend angegeben.

Die gerade erwähnten (sehr wichtigen) Funktionen sind jeweils für alle $x \in \mathbb{R}$ gegeben und werden im Beispiel präsentiert. Zum Beispiel für die Exponentialreihe ist sehr leicht zu berechnen, dass der Konvergenzradius $R = \infty$ ist. Beachten Sie bitte ferner, dass die folgenden Gleichungen tatsächlich auch als *Definitionen* für die genannten Funktionen zu sehen sind. Auch auf andere Art und Weise als über die Differenzialgleichungen erhalten wir diese Funktionen. Aber am Ende handelt es sich bei allen Darstellungen wirklich immer um die gleichen Funktionen mit den gleichen Eigenschaften, z. B. denen der Periodizität für Sinus und Kosinus. Nun aber endlich zu den Darstellungen der Funktionen als Potenzreihe:

Beispiel

1. Die Exponentialreihe:

$$e^x = \exp(x) = \sum_{n=0}^{\infty} \frac{x^n}{n!} = 1 + x + \frac{x^2}{2!} + \frac{x^3}{3!} + \cdots .$$

2. Die Sinusreihe:

$$\sin(x) = \sum_{n=0}^{\infty} (-1)^n \frac{x^{2n+1}}{(2n+1)!} = \frac{x}{1!} - \frac{x^3}{3!} + \frac{x^5}{5!} - \cdots .$$

3. Die Kosinusreihe:

$$\cos(x) = \sum_{n=0}^{\infty} (-1)^n \frac{x^{2n}}{(2n)!} = \frac{x^0}{0!} - \frac{x^2}{2!} + \frac{x^4}{4!} - \cdots .$$

Welchen Entwicklungspunkt x_0 haben wir hier verwendet? Richtig, $x_0 = 0$.

Wir werden bei den Taylorreihen, also schon im folgenden Kapitel, sehen, wie wir die obigen Darstellungen schon ganz alleine dadurch erhalten, dass wir unser Wissen aus der Schule über die Exponentialfunktion, den Sinus und Kosinus anwenden; der Kreis wird sich dann also in gewisser Weise schließen.

Einige Fragen

- Definieren Sie eine allgemeine komplexe Potenzreihe.

- Nennen Sie Standardbeispiele.

- Was lässt sich an den Rändern des Konvergenzintervalles über die Konvergenz der Potenzreihe aussagen?

- Erklären Sie die Berechnung des Konvergenzradius über das Quotientenkriterium.

- Wie lautet die Kosinusreihe?

Aufgaben

1. Bestimmen Sie die Entwicklungspunkte und Konvergenzradien folgender Potenzreihen:

$$\sum_{k=1}^{\infty} \frac{(x-1)^k}{k} \ , \quad \sum_{k=0}^{\infty} (-2x)^k \ , \quad \sum_{k=0}^{\infty} \frac{x^k}{k!} \ .$$

2. Von einer Potenzreihe mit Entwicklungspunkt $x_0 = 2$ sei bekannt, dass sie bei $x = -1$ absolut konvergiere und bei $x = -3$ divergiere. Folgern Sie das Konvergenzverhalten der Potenzreihe an den Punkten -2, 2, 5 und 8.

3. Untersuchen Sie die komplexe Potenzreihe

$$\sum_{k=0}^{\infty} x^k$$

auf Konvergenz. Gehen Sie besonders auf die Randpunkte des Konvergenzkreises ein.

4. Den Konvergenzradius haben wir über das Quotientenkriterium definiert. Leiten Sie analog dazu eine Formel für den Konvergenzradius mithilfe des Wurzelkriteriums her.

5. Für zwei Potenzreihen $\sum_{k=0}^{\infty} a_k (x - x_0)^k$ und $\sum_{k=0}^{\infty} b_k (x - \tilde{x}_0)^k$ mit beliebigen Entwicklungpunkten gelte $a_k \leq b_k$ für alle $k > K$.

Was bedeutet das für die Konvergenzradien der beiden Potenzreihen? Begründen Sie Ihre Antwort.

Lösungen

1. Bei der Reihe $\sum_{k=1}^{\infty} \frac{(x-1)^k}{k}$ ist der Entwicklungspunkt $x_0 = 1$. Weiterhin ist $a_k = \frac{1}{k}$ und damit der Konvergenzradius

$$R := \lim_{k \to \infty} \left| \frac{a_k}{a_{k+1}} \right| = \lim_{k \to \infty} \frac{\frac{1}{k}}{\frac{1}{k+1}} = \lim_{k \to \infty} \frac{k+1}{k} = 1 \ .$$

Die zweite Reihe schreiben wir erst einmal in die Standardform um:

$$\sum_{k=0}^{\infty} (-2x)^k = \sum_{k=0}^{\infty} (-2)^k x^k \ .$$

Nun können wir leicht erkennen, dass der Entwicklungspunkt $x_0 = 0$ und $a_k = (-2)^k$ sind. Daraus folgt für den Konvergenzradius

$$R := \lim_{k \to \infty} \left| \frac{a_k}{a_{k+1}} \right| = \lim_{k \to \infty} \frac{2^k}{2^{k+1}} = \frac{1}{2} \,.$$

Bei der dritten Reihe $\sum_{k=0}^{\infty} \frac{x^k}{k!}$ ist ebenfalls der Entwicklungspunkt $x_0 = 0$. $a_k = \frac{1}{k!}$, sodass

$$R := \lim_{k \to \infty} \left| \frac{a_k}{a_{k+1}} \right| = \lim_{k \to \infty} \frac{\frac{1}{k!}}{\frac{1}{(k+1)!}} = \lim_{k \to \infty} \frac{(k+1)!}{k!} = \lim_{k \to \infty} (k+1) = \infty \,.$$

2. Da die Potenzreihe bei $x = -1$ konvergiert, muss dieser Punkt innerhalb oder am Rand des Konvergenzintervalls liegen. Der Abstand des Punktes vom Entwicklungspunkt ist 3, also ist der Konvergenzradius $R \geq 3$. Die Divergenz der Reihe bei $x = -3$ gibt uns eine obere Schranke für den Konvergenzradius: $R \geq 5$. Somit konvergiert die Reihe im Intervall $]-1, 5[$, speziell bei 2, absolut. Außerhalb des Intervalls $[-3, 7]$, beispielsweise bei 8, divergiert die Reihe hingegen. Ungewiss bleiben die Bereiche $[-3, -1]$ und $[5, 7]$, da wir nicht wissen, wie viel davon zum Konvergenzintervall gehört. Wir können somit keine Aussage über das Konvergenzverhalten in den Punkten -2 und 5 machen. Von $x = 5$ wissen wir zwar, dass er, wenn nicht innerhalb des Konvergenzintervalls, dann zumindest an dessen Rand liegt. Doch können wir andererseits das Konvergenzverhalten an den Randpunkten nicht pauschal vorhersagen.

3. Entwicklungspunkt und Konvergenzradius von komplexen Potenzreihen ergeben sich genauso wie bei reellen Potenzreihen. Der Entwicklungspunkt von $\sum_{k=0}^{\infty} x^k$ ist $x_0 = 0$ und $a_k = 1$, sodass sich ein Konvergenzradius von $R = 1$ ergibt. Die Potenzreihe konvergiert also schon mal innerhalb des Einheitskreises $\{ x \in \mathbb{C} \mid |x| < 1 \}$ absolut und divergiert außerhalb auf $\{ x \in \mathbb{C} \mid |x| > 1 \}$. Die Menge der Randpunkte $\{ x \in \mathbb{C} \mid |x| = 1 \}$ müssen wir extra untersuchen. Solch ein x in die Potenzreihe eingesetzt führt dazu, dass die Summanden x^k der Reihe sämtlich auf dem Einheitskreis liegen. Insbesondere bilden die Summanden keine Nullfolge, was eine notwendige Bedingung für die Konvergenz einer Reihe ist. Somit divergiert die Potenzreihe auch auf dem Kreisrand, also auf ganz $\{ x \in \mathbb{C} \mid |x| \geq 1 \}$.

4. Die Koeffizienten für die Betrachtungen bezüglich des Wurzelkriteriums sind wiederum $b_k := a_k(x - x_0)^k$. Es ist

$$\sqrt[k]{|b_k|} = \sqrt[k]{|a_k(x - x_0)^k|} = \sqrt[k]{|a_k|} |x - x_0| \,.$$

Die Voraussetzungen des Quotientenkriteriums sind für alle x mit

$$\lim_{k \to \infty} \sqrt[k]{|a_k|} |x - x_0| < 1 \,,$$

also mit

$$|x - x_0| < \lim_{k \to \infty} \frac{1}{\sqrt[k]{|a_k|}} =: R$$

erfüllt. Ist hingegen $|x - x_0| > R$, so ist $\sqrt[k]{|b_k|} > 1$ und damit auch $|b_k| > 1$ für fast alle $k \in \mathbb{N}$. Damit können die b_k keine Nullfolge bilden und die Reihe muss divergieren. Der Konvergenzradius kann somit auch über die Formel

$$R = \lim_{k \to \infty} \frac{1}{\sqrt[k]{|a_k|}}$$

berechnet werden.

5. Wir verwenden das Majorantenkriterium für Reihen. Dieses haben wir zwar nicht explizit für Potenzreihen formuliert, aber Potenzreihen stellen lediglich eine spezielle Form von Reihen dar, welche noch von einer Variablen x abhängt. Setzen wir für x bestimmte Werte ein, so erhalten wir „normale" Reihen, auf die wir das Majorantenkriterium anwenden können:

Seien R der Konvergenzradius von $\sum_{k=0}^{\infty} a_k(x - x_0)^k$ und $\tilde{R}$ derjenige von $\sum_{k=0}^{\infty} b_k(x - \tilde{x}_0)^k$. Wir wählen beliebig x_1 und $\tilde{x}_1$ mit

$$|x_1 - x_0| = |\tilde{x}_1 - \tilde{x}_0| \, .$$

x_1 soll also den gleichen Abstand vom Entwicklungspunkt x_0 der ersten Reihe haben wie $\tilde{x}_1$ vom Entwicklungspunkt $\tilde{x}_0$ der zweiten Reihe. An diesen beiden Stellen vergleichen wir die beiden Reihen, also $\sum_{k=0}^{\infty} a_k(x_1 - x_0)^k$ und $\sum_{k=0}^{\infty} b_k(\tilde{x}_1 - \tilde{x}_0)^k$, mit dem Majorantenkriterium: Für die Summanden gilt

$$\left| a_k(x_1 - x_0)^k \right| = |a_k||x_1 - x_0|^k \leq |b_k||\tilde{x}_1 - \tilde{x}_0|^k = \left| b_k(\tilde{x}_1 - \tilde{x}_0)^k \right| \, .$$

Nach dem Majorantenkriterium konvergiert somit $\sum_{k=0}^{\infty} a_k(x - x_0)^k$ im Punkt $x = x_1$ absolut, wenn $\sum_{k=0}^{\infty} b_k(x - \tilde{x}_0)^k$ im Punkt $x = \tilde{x}_1$ absolut konvergiert. $\sum_{k=0}^{\infty} a_k(x - x_0)^k$ kann aber durchaus noch in weiter vom Entwicklungspunkt entfernten Punkten konvergieren. Insgesamt haben wir damit $R \geq \tilde{R}$ gezeigt.

Taylorpolynome, Taylorreihen und Extremwerte

11

ÜBERBLICK

Motivation

>> Der Begriff der Taylorreihe begegnete uns bereits kurz in der Motivation zum letzten Kapitel. Die tiefe Bedeutung der nach Brook Taylor (1685–1731) benannten Reihen zeigte sich erst Jahre nach seinem Tod. Ihr Wert liegt wesentlich darin begründet, dass bereits das Taylorpolynom (über dem Summenzeichen steht dann nicht ∞, sondern eine endliche natürliche Zahl n) unter gewissen Voraussetzungen eine zuvor sehr viel kompliziertere Funktion approximiert. Viele Überlegungen in der Physik und Mathematik sind dadurch erst möglich geworden.

Stellen wir uns also vor, dass wir zur Beschreibung eines Prozesses eine Funktion gefunden haben, die in keiner Weise dazu animiert, mit ihr arbeiten zu wollen. Auch weitere Berechnungen erscheinen mit ihr aussichtslos, denn sie ist einfach zu kompliziert. Genau in solchen Fällen, die häufiger auftreten als allgemein gedacht, kommt das Taylorpolynom ins Spiel, denn mit diesem können wir – unter gewissen Voraussetzungen – ein simples Polynom zur weiteren Betrachtung verwenden, welches der eigentlichen Funktion selbst sehr nahe kommt. Natürlich ist allgemein ein Fehler zu erwarten, der den Unterschied zwischen der Funktion und dem Taylorpolynom ausmacht. Dieser wird aber im günstigen Fall sehr klein und lässt sich abschätzen. Wenn das alles gut klappt, haben wir nur noch Polynome zu untersuchen. Und diese (samt ihrer Eigenschaften) kennen wir recht gut.

Das Taylorpolynom ist, was wirklich auf den ersten Blick unerwartet scheint, direkt mit dem Auffinden von Extremwerten (insbesondere Maxima und Minima) von Funktionen verknüpft. Daher wurden diese auch nicht im Abschnitt zur Differenziation behandelt.

Dass Funktionen Maxima und Minima haben können, welche am gezeichneten Funktionsgraphen meist gut erkennbar sind, ist allgemein bekannt. Wichtig für uns ist aber ihre Bedeutung, die kaum zu hoch eingeschätzt werden kann, interessieren wir uns doch in den Natur- und Ingenieurwissenschaften dafür, wo z. B. der höchste Wirkungsgrad bei einer Verbrennungsmaschine liegt (Maximum) oder welcher Weg die kürzeste Zeit erlaubt (Minimum). <<

11.1 Taylorpolynom und Taylorreihe

11.1.1 Das Taylorpolynom

Um zum Taylorpolynom zu kommen, müssen wir erst einige Vorüberlegungen anstellen. Dazu berechnen wir zuerst höhere Ableitungen einer bestimmten Funktion, was wir gleich als weitere Übung betrachten können:

Sei $x_0 \in \mathbb{R}$ und $k \in \mathbb{N}$. Dann ist die Funktion $f \colon \mathbb{R} \to \mathbb{R}$, $f(x) = (x - x_0)^k$, beliebig oft differenzierbar und es gilt:

$$f(x) = (x - x_0)^k$$
$$f'(x) = k(x - x_0)^{k-1}$$
$$\vdots$$
$$f^{(k-1)}(x) = k(k-1)(k-2)\cdots 3 \cdot 2 \cdot (x - x_0)$$
$$f^{(k)}(x) = k(k-1)(k-2)\cdots 3 \cdot 2 \cdot 1 =: k!$$
$$f^{(k+1)}(x) = 0$$
$$\vdots$$

An der Stelle $x = x_0$ gilt, dass alle Ableitungen bis auf $f^{(k)}(x_0)$ verschwinden.

Wir können dies auch in der folgenden Form notieren:

$$f^{(i)}(x_0) = \delta_{ik} k!$$

für alle $i \in \mathbb{N}$, wobei wir

$$\delta_{ij} := \begin{cases} 1 & \text{falls } i = j \\ 0 & \text{falls } i \neq j \end{cases}$$

definieren. Dies ist das in vielen Fällen praktische *Kroneckersymbol*.

Die Darstellung $f^{(i)}(x_0) = \delta_{ik} k!$ soll Sie keineswegs verwirren. Es handelt sich dabei einfach nur um eine zusammenfassende Schreibweise, durch die man das Ergebnis einer längeren Rechnung in komprimierter Weise angeben kann.

Betrachten wir aber nun ein beliebiges Polynom der Form

$$p(x) = a_0 + a_1(x - x_0) + \ldots + a_n(x - x_0)^n = \sum_{k=0}^{n} a_k (x - x_0)^k$$

mit $a_0, \ldots, a_n, x_0 \in \mathbb{R}$.

Mithilfe des Ergebnisses der ersten Rechnung können wir die i-te Ableitung von p an der Stelle x_0 berechnen ($i \leq n$) und erhalten

$$p^{(i)}(x_0) = \sum_{k=0}^{n} a_k \delta_{ik} k! = a_i i! \, .$$

Wir nennen den Index nun wieder k und erhalten die Gleichung

$$a_k = \frac{p^{(k)}(x_0)}{k!}$$

und durch Einsetzen in die Ausgangsgleichung $p(x) = \sum_{k=0}^{n} a_k (x - x_0)^k$ schließlich

$$p(x) = \sum_{k=0}^{n} \frac{p^{(k)}(x_0)}{k!} (x - x_0)^k \, .$$

Bisher haben wir nur eine Rechnung durchgeführt und einen Ausdruck für die Koeffizienten eines Polynoms unter Verwendung des Polynoms selbst gefunden. Haben wir die Situation nicht einfach verschlimmert, viel Rechnung für nichts? Nein! Wir haben einen tieferen Zusammenhang gefunden, denn die a_k bei der Darstellung eine Polynoms sind nur vermeintlich ganz frei; bei genauer Betrachtung sind diese aber durch die Ableitungen von $p(x)$ an der Stelle x_0 gegeben. Final können wir die Frage stellen, ob sich diese Idee nicht auch für andere Funktionen eignet? Wir versuchen dies und schreiben in Analogie für n-mal differenzierbare Funktionen:

$$f(x) = \sum_{k=0}^{n} \frac{f^{(k)}(x_0)}{k!} (x - x_0)^k + R_{f,x_0}^n(x) \, .$$

Dabei nennt man die Summe das *Taylorpolynom n-ter Ordnung* T_{f,x_0}^n von f mit *Entwicklungspunkt* x_0 und der Term R_{f,x_0}^n heißt *Restglied*. Das Taylorpolynom stellt eine Approximation der Funktion durch Polynome dar; das Restglied gibt dabei den *Fehler* an, der bei dieser Näherung gemacht wird. Dieser Fehler ist zu erwarten, denn wenn die Gleichung (wie oben gesehen) für Polynome gerade exakt ist, also das Restglied verschwindet ($R_{f,x_0}^n = 0$), dann wäre das für andere Funktionen wohl zu viel verlangt.

Der folgende Satz fasst zusammen, was über das Taylorpolynom gewusst werden sollte.

Satz

Sei $I \subseteq \mathbb{R}$ ein Intervall, $x_0, x \in I$ und $f: I \to \mathbb{R}$ eine n-mal differenzierbare Funktion. Dann ist

$$f(x) = \sum_{k=0}^{n} \frac{f^{(k)}(x_0)}{k!}(x - x_0)^k + R_{f,x_0}^n(x)$$

und für das Restglied gilt:

1. $\displaystyle\lim_{x \to x_0} \frac{R_{f,x_0}^n(x)}{(x-x_0)^n} = 0$.

2. $R_{f,x_0}^n(x) = \frac{f^{(n+1)}(\xi)}{(n+1)!}(x - x_0)^{n+1}$ für ein $\xi \in \mathbb{R}$ zwischen x und x_0, falls f sogar $(n + 1)$-mal stetig differenzierbar ist.

Bemerkung

In Punkt 2 des obigen Satzes finden wir die *Lagrange'sche Darstellung* des Restglieds. Es gibt noch andere Varianten der Darstellung des Restgliedes, welche wir aber in diesem Buch nicht behandeln. ■

Dass das Taylorpolynom eine Approximation der Funktion in einem Punkt (nämlich x_0) darstellt, lässt sich schon für einen einfachen Fall leicht einsehen. Betrachten wir dazu das Taylorpolynom der ersten Ordnung mit Restglied, dann ist

$$f(x) = \sum_{k=0}^{1} \frac{f^{(k)}(x_0)}{k!}(x - x_0)^k + R_{f,x_0}^1$$
$$= f(x_0) + f'(x_0)(x - x_0) + R_{f,x_0}^1 .$$

Nahe bei x_0 bekommen wir daraus

$$f(x) \approx f'(x_0)(x - x_0) + f(x_0) ,$$

denn das Restglied geht ja hier gegen null. Auf der rechten Seite steht eine Geradengleichung. Wir sehen daher, dass in diesem Taylorpolynom der ersten Ordnung bereits die Approximation der Funktion durch eine Gerade (die Tangente) erfolgt. Versuchen Sie doch einmal, aus einer Taylorapproximation den Zwischenwertsatz zu gewinnen. Tipp: Verwenden Sie explizit das Restglied und eine niedrige Ordnung, die sich schon direkt daraus ergibt, welche Ableitung im Zwischenwertsatz vorkommt.

11.1.2 Die Taylorreihe

Der Übergang vom Taylorpolynom zur Taylorreihe wird durch das Ersetzen des n durch ein ∞ über dem Summenzeichen realisiert:

Definition: Taylorreihe

Der Ausdruck

$$\sum_{k=0}^{\infty} \frac{f^{(k)}(x_0)}{k!}(x - x_0)^k$$

heißt *Taylorreihe* der Funktion $f(x)$, die hierbei beliebig oft differenzierbar sein muss.

Folgende Fragen scheinen offensichtlich:

1. Für welche x konvergiert die Taylorreihe?

2. Wenn Konvergenz vorliegt, stimmt die durch die Taylorreihe definierte Funktion dann mit der Ausgangsfunktion überein?

Die erste Frage ist über den Konvergenzradius recht leicht im individuellen Fall zu beantworten, denn die Taylorreihe ist ja gerade ein Spezialfall einer Potenzreihe, wie wir sie bereits behandelt haben. Hier ist nämlich $a_k = \frac{f^{(k)}(x_0)}{k!}$.

Eine erschöpfende Beantwortung der zweiten Frage über bestimmte Kriterien ist nicht leicht. Wir werden aber in der kommenden Bemerkung etwas dazu sagen und insbesondere über das Restglied Aussagen machen können; dazu mehr in einem Unterabschnitt. Fest steht aber, dass wir zu einer beliebig oft differenzierbaren Funktion eine Taylorreihe angeben können, Beispiele werden folgen.

Bemerkung

Es gibt Funktionen, für welche die Taylorreihe nicht gegen die Funktion konvergiert, wie es sich z. B. für

$$f(x) = \begin{cases} 0 & \text{falls } x \leq 0 \\ e^{-1/x} & \text{falls } x > 0 \end{cases}$$

zeigen lässt. f ist auf ganz $\mathbb{R}$ beliebig oft stetig differenzierbar und die Ableitungen in jedem Punkt $x \leq 0$ sind alle null. Die Taylorreihe um den Nullpunkt ist also die Nullfunktion und stimmt in keiner Umgebung der Null mit der Funktion überein. ■

Wir werden nun Taylorreihen exemplarisch berechnen und erkennen dabei einiges wieder, was wir bereits zuvor entdeckt hatten:

Beispiel

Wir betrachten $f(x) = e^x$ um den Entwicklungspunkt $x_0 = 0$. Beim Ableiten ändert sich die Funktion nicht, sodass $f^{(k)}(0) = f(0) = 1$ für alle $k \in \mathbb{N}$ gilt. Somit ist die Taylorreihe der Exponentialfunktion

$$\sum_{k=0}^{\infty} \frac{1}{k!} x^k \, .$$

Interessieren wir uns für die Taylorreihe von $f(x) = \sin x$ um den Entwicklungspunkt $x_0 = 0$, müssen wir zuerst die Ableitungen des Sinus in x_0 berechnen:

$$f'(0) = \cos 0 = 1$$
$$f''(0) = -\sin 0 = 0$$
$$f'''(0) = -\cos 0 = -1$$
$$f^{(4)}(0) = \sin 0 = 0 \, .$$

Bei weiteren Ableitungen wiederholt sich Obiges immer wieder, also entfällt bei der Taylorreihe jeder zweite Summand. Wir erhalten

$$\sin x = \sum_{k=0}^{\infty} \frac{(-1)^k}{(2k+1)!} x^{2k+1} \, .$$

Analog erhalten wir als Taylorreihe des Kosinus, wieder mit $x_0 = 0$,

$$\cos x = \sum_{k=0}^{\infty} \frac{(-1)^k}{(2k)!} x^{2k} \, .$$

Bemerkung

Wir haben bei unseren Berechnungen stets den Entwicklungpunkt $x_0 = 0$ verwendet. Dies ist bei Aufgaben oft der Fall, denn es ist einfach damit zu rechnen. Welche Bedeutung hat aber der Entwicklungspunkt? Es ist der Punkt, für den unsere Approximation gut funktioniert. Das Restglied wird ja gerade in der Nähe von x_0 verschwindend klein; entfernt davon ist dies allgemein nicht zu erwarten. Wollen wir also eine gute Approximation einer Funktion an einem bestimmten Punkt haben, müssen wir diesen als Entwicklungspunkt wählen.

Bitte machen Sie sich für obige Beispiele klar, dass wir damit gleichfalls auch wissen, wie die Taylorpolynome der hier betrachteten Funktionen aussehen. Warum? Na, wir haben beim Taylorpolynom doch anstatt der Reihe (also der unendlichen Summation) nur eine endliche Summe (bis zu einer bestimmten natürlichen Zahl n) zu betrachten. Was hinter dem Summenzeichen steht, bleibt gleich.

Wir möchten nun in Bildern zum letzten Beispiel zeigen, wie gut die Approximation schon bei kleiner Ordnung des Taylorpolynoms ist. Bitte beachten Sie die unterschiedliche Skalierung, die gewählt wurde, um die jeweils wichtigen Teile deutlich zu zeigen.

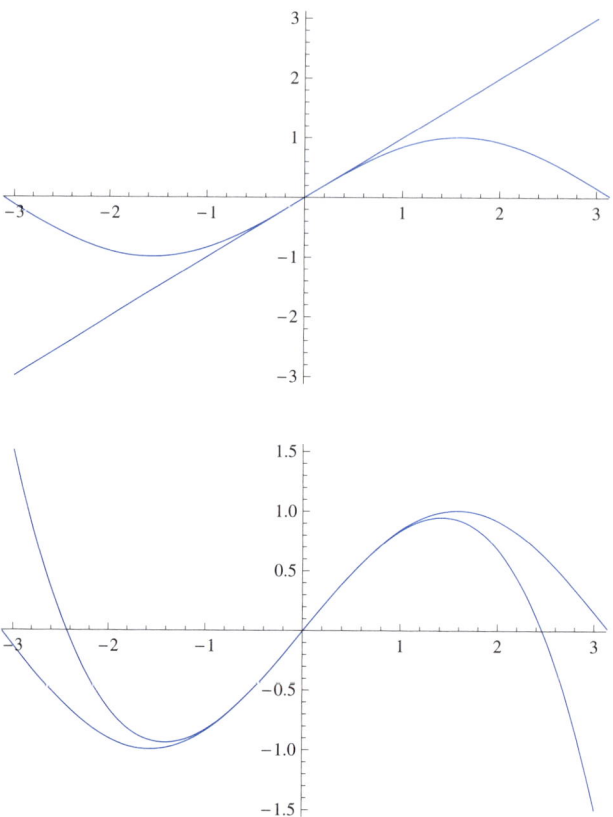

Abbildung 11.1: Von oben: Taylorpolynom der Ordnung 1, Taylorpolynom der Ordnung 3, jeweils für den Sinus ($x_0 = 0$)

Und hier für die Approximation des Sinus durch ein Taylorpolynom der Ordnung 3 für $x_0 = 1$:

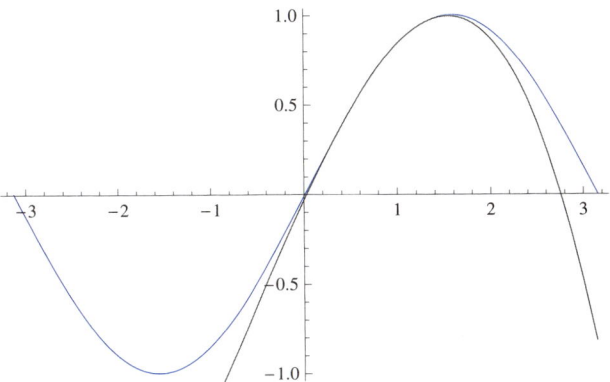

Abbildung 11.2: Taylorpolynom der Ordnung 3 für den Sinus ($x_0 = 1$)

Wir können erkennen, dass die Approximation wirklich stets dort gut funktioniert, wo wir den Entwicklungspunkt gewählt haben.

11.1.3 Fehlerabschätzung

Eine Anwendung des Taylorpolynoms ist es, den Funktionswert einer komplizierten Funktion mittels ihres Taylorpolynoms näherungsweise zu berechnen. Dabei möchten wir allerdings eine Aussage über die Qualität unserer Näherung, d. h. über die Größe des gemachten Fehlers, treffen können. Wir haben im vorigen Abschnitt bereits die Lagrange'sche Darstellung des Restglieds kennengelernt:

$$R_{f,x_0}^n(x) = \frac{f^{(n+1)}(\xi)}{(n+1)!}(x - x_0)^{n+1} \quad \text{mit } \xi \text{ zwischen } x \text{ und } x_0.$$

Diese eignet sich hervorragend für solche Fehlerabschätzungen.

Beispiel

Wir wollen das Taylorpolynom erster Ordnung verwenden, um ohne technische Hilfsmittel Wurzeln zu berechnen.

Wir wählen also $f(x) := \sqrt{x}$ mit der Ableitung $f'(x) = \frac{1}{2}x^{-\frac{1}{2}}$ und erhalten als Taylorpolynom

$$T_{f,x_0}^1(x) = f(x_0) + \frac{1}{2\sqrt{x_0}}(x - x_0) \, .$$

Um dies für unsere Rechnung zu nutzen, empfiehlt es sich natürlich, als Entwicklungspunkt x_0 eine Zahl nahe x zu wählen, deren Wurzel wir kennen.

Beispiel

Damit erhalten wir beispielsweise

$$\sqrt{4,2} \approx T_{f,4}^1(4,2) = \sqrt{4} + \frac{1}{2\sqrt{4}}(4,2-4) = 2 + \frac{1}{4} \cdot 0,2 = 2,05 \;,$$

$$\sqrt{42} \approx T_{f,36}^1(42) = \sqrt{36} + \frac{1}{2\sqrt{36}}(42-36) = 6 + \frac{1}{12} \cdot 6 = 6,5 \;.$$

Zur Abschätzung des gemachten Fehlers benötigen wir die zweite Ableitung von f:

$$f''(x) = -\frac{1}{4}x^{-\frac{3}{2}} \;.$$

Der Restterm lässt sich also folgendermaßen darstellen:

$$R_{f,x_0}^1(x) = \frac{1}{2}f''(\xi)(x-x_0)^2 = -\frac{1}{8}\xi^{-\frac{3}{2}}(x-x_0)^2 \;.$$

Bei der Fehlerabschätzung ist interessant, wie weit wir schlimmstenfalls vom tatsächlichen Wert abweichen, egal ob nach oben oder nach unten.

Wir suchen also eine obere Schranke für den Betrag des Restterms.

Wegen des negativen Exponenten beim ξ wird unser berechnetes $R_{f,x_0}^1(x)$ betraglich für kleines ξ besonders groß. In den beiden Beispielen ist dies

$$\left|R_{f,4}^1(4,2)\right| = \frac{1}{8}\xi^{-\frac{3}{2}}(0,2)^2 \leq \frac{1}{8} \cdot 4^{-\frac{3}{2}} \cdot \frac{1}{5^2} = \frac{1}{200} = 0,005 \;,$$

$$\left|R_{f,36}^1(42)\right| = \frac{1}{8}\xi^{-\frac{3}{2}}6^2 \leq \frac{1}{8} \cdot 36^{-\frac{3}{2}} \cdot 6^2 = \frac{1}{48} < \frac{1}{40} = 0,025 \;.$$

Da der Restterm negativ ist, wissen wir zudem, dass der tatsächliche Wert niedriger ist als unser berechneter. Wir können somit folgende Intervalle angeben, in denen die Wurzel liegt:

$$\sqrt{4,2} \in [2,05 - 0,005,\ 2,05] = [2,045,\ 2,05] \;,$$

$$\sqrt{42} \in [6,5 - 0,025,\ 6,5] = [6,475,\ 6,5] \;.$$

Nun können Sie natürlich fragen, wo genau die praktische Anwendbarkeit des Wurzelziehens ohne Taschenrechner oder Computer liegt, wenn wir davon absehen, auf Partys Leute zu beeindrucken. Was aber durchaus häufig vorkommt, ist eine physikalische Größe zu messen und daraus eine andere zu berechnen. Bedingt durch die technische Natur des Messinstrumentes werden Sie einen gewissen Messfehler nicht ausschließen können. Wie aber überträgt sich dieser Fehler auf die errechnete Größe?

Die Vorgehensweise ist im Prinzip die gleiche wie zuvor im Beispiel. Wir stellen uns vor, x_0 sei die gemessene Größe und x die tatsächliche. Die Genauigkeit des Messinstrumentes gibt den maximalen Abstand von x_0 zu x an, etwa $|x - x_0| \leq M$. Und die Wurzelfunktion f liefert uns die aus dem Messwert zu errechnende Größe. Mit den Überlegungen aus dem Beispiel können wir dann den Fehler bei der errechneten Größe wie folgt abschätzen:

$$
\begin{aligned}
\left| f(x) - f(x_0) \right| &= \left| f'(x_0) + R^1_{f,x_0} \right| \\
&\leq \left| \frac{1}{2\sqrt{x_0}}(x - x_0) \right| + \left| \frac{1}{8}\xi^{-\frac{3}{2}}(x - x_0)^2 \right| \\
&\leq \frac{M}{2\sqrt{x_0}} + \frac{1}{8}(x_0 - M)^{-\frac{3}{2}} M^2 ,
\end{aligned}
$$

vorausgesetzt, dass $x_0 > M$. Da das Taylorpolynom auf Ableitungen der Funktion basiert und die Ableitungen der Wurzelfunktion für $x \searrow 0$ immer größer werden, wird unsere Approximation in diesem Bereich immer ungenauer.

Interessant ist manchmal nicht der absolute Fehler wie oben berechnet, sondern der relative Fehler, also das Verhältnis von Fehler zu tatsächlichem Wert. Auch hierzu wollen wir ein Beispiel rechnen:

■ Beispiel

Wir wollen das Volumen einer Kugel aus ihrem gemessenen Radius berechnen. Die Anforderung ist, das Kugelvolumen mit einer Genauigkeit von $\pm 1\%$ zu bestimmen. Wie groß darf dann der relative Fehler beim Messen des Radius sein?

Die Formel für das Kugelvolumen und dessen Ableitung nach dem Radius sind

$$
V(r) = \frac{4}{3}\pi r^3 , \quad V'(r) = 4\pi r^2 .
$$

Wir sind faul und wollen uns Rechenarbeit sparen. Daher betrachten wir lediglich das Taylorpolynom erster Ordnung und unterschlagen sogar das Restglied (was wir durch das $\approx$ anstelle des $=$ kennzeichnen):

$$
\begin{aligned}
V(r) &\approx V(r_0) + V'(r_0)(r - r_0) \\
\Leftrightarrow \quad V(r) - V(r_0) &\approx V'(r_0)(r - r_0) \\
\Leftrightarrow \quad (r - r_0) &\approx \frac{V(r) - V(r_0)}{V'(r_0)} = \frac{V(r) - V(r_0)}{V(r_0)} \cdot \frac{V(r_0)}{V'(r_0)} .
\end{aligned}
$$

> ### ■ Beispiel
>
> Für den relativen Fehler erhalten wir:
>
> $$\frac{(r - r_0)}{r_0} \approx \frac{V(r) - V(r_0)}{V(r_0)} \cdot \frac{V(r_0)}{r_0\, V'(r_0)} = 1\,\% \cdot \frac{\frac{4}{3}\pi r_0^3}{r_0 \cdot 4\pi r_0^2} = \frac{1}{3}\,\% \ .$$
>
> Wir dürfen somit den Radius mit einem Fehler von $\pm\frac{1}{3}\,\%$ messen, sollten aber im Hinterkopf behalten, dass dies auch nur eine ungefähre Schranke für den Fehler ist, da wir den Fehlerterm nicht berücksichtigt haben.

Sie sehen also, dass wir mit der Abschätzung des Restterms ein wichtiges Instrument zur Hand haben, wenn es um Fragen der Messgenauigkeit bzw. der Eingrenzung von Fehlern geht.

11.2   Lokale Extrema differenzierbarer Funktionen

Recht schnell können wir den Finger auf „höchste" bzw. „tiefste" Stellen eines Funktionsgraphen halten. Dabei gibt es aber z. B. folgende Probleme:

- Ist der Graph in einer Skalierung gezeichnet, die wirklich alle Stellen dieser Art zeigt?

- Könnte nicht bei allen gewählten Skalierungen etwas übersehen werden und reicht die Auflösung überhaupt für das Aufzeigen solcher Stellen?

- Muss überhaupt ein Graph gezeichnet werden?

Es ist also nötig, ein mathematisches Verfahren zu erarbeiten, durch das die Extrema der gegebenen Funktion im Definitionsbereich bestimmt werden können.

11.2.1   Zur Berechnung lokaler Extrema

Für unsere Untersuchungen nahe bei einem Punkt (von links und rechts), haben wir bisher erfolgreich mit Folgen gearbeitet, wir denken z. B. an Untersuchungen zur Stetigkeit. Um die Existenz solcher konvergenter Folgen zu garantieren, müssen wir folglich auf beiden Seiten des Punktes noch einen Bereich haben, der für gegen den Punkt konvergente Folgen Raum bietet, was sich durch eine um den Punkt existierende ε-Umgebung garantieren lässt.

Als erste Frage wollen wir beantworten, welche Eigenschaften Punkte haben müssen, die als Kandidaten für Extremwerte taugen, und gehen zuerst davon aus, dass eine betrachtete Funktion in x_0 ein lokales Maximum annimmt. Dann gibt es nach der Definition des lokalen Maximums eine ε-Umgebung O von x_0 mit $f(x_0) - f(x) \geq 0$ für alle $x \in$ O. Nun existieren Folgen in O, die (von links bzw. rechts) gegen x_0 konvergieren, sodass für den links- bzw. rechtsseitigen Grenzwert des Differenzenquotienten gilt:

$$\lim_{x \nearrow x_0} \frac{f(x_0) - f(x)}{x_0 - x} \geq 0$$

und

$$\lim_{x \searrow x_0} \frac{f(x_0) - f(x)}{x_0 - x} \leq 0 \ .$$

Dadurch erhalten wir

$$f'(x_0) = \lim_{x \to x_0} \frac{f(x_0) - f(x)}{x_0 - x} = 0 \ .$$

Für ein Minimum verläuft alles analog.

Wir fassen unsere Untersuchung in einem Satz zusammen:

Satz

Sei $f \colon D \to \mathbb{R}$ eine differenzierbare Funktion und $O \subseteq D$ eine ε-Umgebung von x_0. Hat f in x_0 ein lokales Minimum oder Maximum, dann gilt die Gleichung $f'(x_0) = 0$.

Es bleibt uns die Überlegung, wann genau ein Maximum oder Minimum vorliegt. Dazu verwenden wir die Approximation nach Taylor. Eingangs erwähnten wir, dass dies das Mittel zum Zweck ist, tatsächlich gehören demnach unsere Gedanken dazu in dieses Kapitel.

> ### Satz
>
> Sei $D \subseteq \mathbb{R}$, $f: D \to \mathbb{R}$ eine n-mal differenzierbare Funktion und $x_0 \in O$ (O wie im vorigen Satz) mit
>
> $$f'(x_0) = \ldots = f^{(n-1)}(x_0) = 0, \; f^{(n)}(x_0) \neq 0 \, .$$
>
> Dann gilt:
>
> **1.** Ist n gerade, so gilt:
>
>   a) f nimmt an der Stelle x_0 ein lokales Maximum an, falls $f^{(n)}(x_0) < 0$.
>
>   b) f nimmt an der Stelle x_0 ein lokales Minimum an, falls $f^{(n)}(x_0) > 0$.
>
> **2.** Ist n ungerade, so nimmt f an der Stelle x_0 weder ein Minimum noch ein Maximum an.

Warum ist das so? Wir gehen hier vom Fall $f^{(n)}(x_0) < 0$ aus (der andere verläuft analog). Aus dem Konvergenzverhalten des Restglieds bei der Approximation durch Taylor folgt, unter Beachtung der Voraussetzungen des Satzes (nur $f^{(n)}(x_0)$ sollte ja ungleich null sein),

$$f(x) - f(x_0) = \frac{f^{(n)}(x_0)}{n!}(x - x_0)^n + R^n_{f,x_0}(x)$$

$$\Rightarrow \quad \lim_{x \to x_0} \frac{f(x) - f(x_0)}{(x - x_0)^n} = \frac{f^{(n)}(x_0)}{n!} < 0 \, .$$

Bei der linken Seite der Implikation haben wir einfach nur die bereits bekannte Gleichung $f(x) = \sum_{k=0}^n \frac{f^{(k)}(x_0)}{k!}(x - x_0)^k + R^n_{f,x_0}(x)$ verwendet und die Voraussetzungen eingesetzt, dann $f(x_0)$ auf die linke Seite gebracht. Die rechte Seite der Implikation verwendet die Eigenschaft des Restgliedes. Wir gelangen zu einer Fallunterscheidung.

1. Ist n gerade, so wird in einem offenen Intervall um x_0 das Vorzeichen von $f(x) - f(x_0)$ durch jenes von $\frac{f^{(n)}(x_0)}{n!}$ bestimmt, da stets $(x - x_0)^n > 0$. D.h., es gilt $f(x) - f(x_0) \leq 0$.

2. Ist n ungerade, so muss $f(x) - f(x_0)$ bei x_0 ebenso wie $(x - x_0)^n$ das Vorzeichen wechseln – andernfalls wäre $\frac{f^{(n)}(x_0)}{n!} = 0$.

Wir werden den Satz zur Verdeutlichung an Beispielen demonstrieren.

Beispiel

Sei

$$f\colon [-2,2] \to \mathbb{R},\ f(x) = x^2 - 2x + 5\ .$$

Für die Ableitung gilt $f'(x) = 2x - 2$, für die zweite Ableitung gilt $f''(x) = 2$. Die einzige Nullstelle der Ableitungsfunktion ist $x = 1$, und dort gilt $f''(1) = 2 > 0$. Also liegt dort ein lokales Minimum mit $f(1) = 4$ vor.

An den Punkten $x = \pm 2$ gilt $f(-2) = 13$ und $f(2) = 5$. Da die Funktion auf dem Intervall $[-2, 1[$ streng monoton fällt ($f'(x) < 0$) und auf dem Intervall $]1, 2]$ streng monoton steigt ($f'(x) > 0$), muss die Funktion an den Stellen $x = \pm 2$ ein lokales Maximum annehmen. Ein Vergleich der Funktionswerte liefert, dass die Funktion f bei $x = 1$ das globale Minimum $y = 4$ und bei $x = -2$ das globale Maximum $y = 13$ annimmt.

Bemerkung

Achtung! In der Schule wurden die Kriterien häufig etwas reduziert gelehrt. Man sollte über die Nullstellen der ersten Ableitung die kritischen Stellen finden und diese dann in die zweite Ableitung einsetzen. Je nach Vorzeichen des Ergebnisses lag dann ein Maximum oder Minimum vor. Das funktioniert manchmal, aber ist nach Obigem nicht die ganze Weisheit. Bitte berechnen Sie daher nach dem gerade angegebenen Verfahren (aus einigen Schulen) die Extrema von $f(x) = x^4$, danach mit dem hier demonstrierten Verfahren (es führt uns auf ein Minimum). Sie werden überrascht sein.

Einige Fragen

- Was ist das Taylorpolynom und was das Restglied nach Lagrange?

- Approximiert eine konvergente Taylorreihe stets die Ausgangsfunktion?

- Welche Bedeutung hat der Entwicklungspunkt?

- Was sind Anwendungsmöglichkeiten von Taylorreihen in der Praxis?

- Geben Sie eine Berechnungsvorschrift für lokale Extrema an.

- Welche Aussagen lassen sich über den Fehler bei der Taylorapproximation machen?

- Können Sie den Zusammenhang zwischen der Taylorapproximation und lokalen Extrema deutlich machen?

Aufgaben

1. Berechnen Sie $\sin \frac{\pi}{6}$ über ein Taylorpolynom von $\sin x$ um den Entwicklungspunkt $x_0 := 0$ mit einer Genauigkeit von 0,05.

2. Bestimmen Sie die Taylorreihe von $f(x) := \ln(x + 1)$ im Entwicklungspunkt $x_0 := 0$ sowie deren Konvergenzintervall. Zeigen Sie weiterhin, dass die Taylorreihe im Intervall $] - \frac{1}{2}, +1]$ gegen f konvergiert.

3. Was ist das Taylorpolynom n-ten Grades eines Polynoms maximal n-ten Grades?

4. Differenzieren Sie die Taylorreihen von $\sin x$ und $\cos x$.

5. Bestimmen Sie sämtliche lokalen Extrema von

$$f : \,]0, \infty[\,\to \mathbb{R}, \quad f(x) := \frac{1}{x} \ln x \, .$$

Lösungen

1. Um zu wissen, wie weit das Taylorpolynom zu entwickeln ist, schätzen wir den Fehlerterm $\left| \frac{\sin^{(n+1)}(\xi)}{(n+1)!} \left(\frac{\pi}{6} - 0 \right)^{n+1} \right|$ ab. Dieser soll nach Aufgabenstellung nicht größer als 0,05 sein. Dabei ist $\xi \in \,]0, \frac{\pi}{6}]$, was wir hier aber nicht verwenden, denn beim Sinus und dessen Ableitungen bietet es sich an, gegen 1 abzuschätzen:

$$\left| \frac{\sin^{(n+1)}(\xi)}{(n+1)!} \left(\frac{\pi}{6} - 0 \right)^{n+1} \right| \leq \frac{1}{(n+1)!} \left(\frac{\pi}{6} \right)^{n+1} \, .$$

Wir probieren einige n:

$$n = 0: \quad \frac{\left(\frac{\pi}{6}\right)^{n+1}}{(n+1)!} = \frac{\left(\frac{\pi}{6}\right)^1}{1!} = \frac{\pi}{6} > \frac{3}{6} > \frac{1}{2}$$

$$n = 1: \quad \frac{\left(\frac{\pi}{6}\right)^{n+1}}{(n+1)!} = \frac{\left(\frac{\pi}{6}\right)^2}{2!} > \frac{\left(\frac{3}{6}\right)^2}{2!} = \frac{1}{8} > 0{,}05$$

$$n = 2: \quad \frac{\left(\frac{\pi}{6}\right)^{n+1}}{(n+1)!} = \frac{\left(\frac{\pi}{6}\right)^3}{3!} = \frac{\pi^3}{6^4} < \frac{4^3}{6^4} = \frac{4}{81} < \frac{4}{80} = 0{,}05 \ .$$

Bei $n = 2$ halten wir also definitiv die geforderte Fehlerschranke ein. Vielleicht hätten wir das auch schon bei besserer Abschätzung für ein kleineres n eingesehen, aber das soll uns hier nicht weiter kümmern. Das Taylorpolynom zweiten Grades um den Entwicklungspunkt $x_0 = 0$ und ausgewertet bei $x = \frac{\pi}{6}$ liefert uns somit die gesuchte Näherung:

$$\sin\frac{\pi}{6} \approx \sin 0 + \cos 0 \cdot \frac{\pi}{6} - \frac{1}{2}\sin 0 \cdot \frac{\pi^2}{36} = 0 + \frac{\pi}{6} + 0 = \frac{\pi}{6} \approx 0{,}52 \ .$$

Der genaue Wert wäre $\sin\frac{\pi}{6} = 0{,}5$.

2. Die k-te Ableitung von f ist

$$f^{(k)}(x) = (-1)^{k+1}\frac{(k-1)!}{(x+1)^k} \ ,$$

(zur Erinnerung: $0! := 1$), ausgewertet am Entwicklungspunkt $x_0 = 0$

$$f^{(k)}(0) = (-1)^{k+1}(k-1)! \ .$$

(Die Formel für die k-te Ableitung müssten wir streng genommen noch beweisen, sinnvollerweise mit vollständiger Induktion; dies ist nun aber nicht das Thema und wird daher vernachlässigt.)

Die Taylorreihe um $x_0 = 0$ ist demnach

$$f(0) + \sum_{k=1}^{\infty}\frac{f^{(k)}(0)}{k!}x^k = \sum_{k=1}^{\infty}\frac{(-1)^{k+1}}{k}x^k \ .$$

Ihr Konvergenzradius ist $\lim_{k\to\infty}\frac{k}{k+1} = 1$. Sie konvergiert nicht bei $x = -1$ (geometrische Reihe), wohl aber bei $x = +1$ (alternierende geometrische Reihe), insgesamt also auf $]-1, +1]$. Der Fehlerterm ist

$$R_{f,0}^k(x) = \left|\frac{f^{(k+1)}(\xi)}{(k+1)!}x^{k+1}\right| = \frac{1}{(k+1)}\left|\frac{x}{\xi+1}\right|^{k+1} \ .$$

Für festes $x \in \ ]-\frac{1}{2}, +1]$ und für beliebiges ξ zwischen x und 0 ist $\left|\frac{x}{\xi+1}\right| \leq 1$ und somit $\lim_{k\to\infty} R_{f,0}^k(x) = 0$. Das bedeutet, dass dort die Taylorreihe gegen f konvergiert.

3. Zunächst einmal ist das entsprechende Taylorpolynom

$$T_{f,x_0}^n(x) = \sum_{k=0}^{n} \frac{f^{(k)}(x_0)}{k!}(x - x_0)^k \, .$$

Die Ableitungen sind

$$\left(T_{f,x_0}^n\right)^{(j)}(x) = \sum_{k=j}^{n} \frac{f^{(k)}(x_0)}{(k-j)!}(x - x_0)^{k-j} \, , \quad j = 0, \dots, n \, ,$$

ausgewertet am Entwicklungspunkt $x = x_0$ fallen alle Summanden bis auf den ersten weg:

$$\left(T_{f,x_0}^n\right)^{(j)}(x_0) = \sum_{k=j}^{n} \frac{f^{(k)}(x_0)}{(k-j)!}(x_0 - x_0)^{k-j} = f^{(j)}(x_0) \, .$$

Das Taylorpolynom und seine ersten n Ableitungen stimmen somit im Entwicklungspunkt mit f und dessen Ableitungen überein. Ist f ein Polynom maximal n-ten Grades, so ist $p := f - T_{f,x_0}^n$ ein Polynom maximal n-ten Grades, welches mit seinen ersten n Ableitungen in x_0 null ist. Damit ist p das Nullpolynom und das Taylorpolynom stimmt nicht nur im Entwicklungspunkt, sondern überall mit f überein.

Diese Betrachtung ist unabhängig vom Entwicklungspunkt. Damit sind auch die Taylorpolynome zu unterschiedlichen Entwicklungspunkten gleich – nur anders dargestellt –, solange f ein Polynom ist.

4. Sinus und Kosinus haben folgende Taylorreihen mit Entwicklungspunkt $x_0 = 0$ mit Konvergenz auf ganz $\mathbb{R}$:

$$\sin x = \sum_{k=0}^{\infty} \frac{(-1)^k}{(2k+1)!}x^{2k+1} \, , \quad \cos x = \sum_{k=0}^{\infty} \frac{(-1)^k}{(2k)!}x^{2k} \, .$$

Diese dürfen wir innerhalb ihres Konvergenzintervalls, also auf ganz $\mathbb{R}$, differenzieren und erhalten als Ableitungen:

$$\sin' x = \sum_{k=0}^{\infty} \frac{(-1)^k}{(2k+1)!}(2k+1)x^{2k} = \sum_{k=0}^{\infty} \frac{(-1)^k}{(2k)!}x^{2k} = \cos x \, ,$$

$$\cos' x = \sum_{k=1}^{\infty} \frac{(-1)^k}{(2k)!}(2k)x^{2k-1} = \sum_{k=1}^{\infty} \frac{(-1)^k}{(2k-1)!}x^{2k-1} = \sum_{k=0}^{\infty} \frac{(-1)^{k+1}}{(2k+1)!}x^{2k+1}$$

$$= -\sum_{k=0}^{\infty} \frac{(-1)^k}{(2k+1)!}x^{2k+1} = -\sin x \, .$$

Der Summand für $k = 0$ der Taylorreihe des Kosinus ist konstant und fiel daher beim Ableiten weg. Durch eine Indexverschiebung haben wir schließlich die Form der Sinustaylorreihe hergestellt.

5. Zunächst berechnen wir die Ableitung mit der Quotientenregel:

$$f'(x) = \frac{\frac{1}{x} \cdot x - \ln x \cdot 1}{x^2} = \frac{1 - \ln x}{x^2} \; .$$

Diese hat genau eine Nullstelle, und zwar bei $\ln x = 1$, also $x = e$. Als Nächstes müssen wir verifizieren, dass dort wirklich ein Maximum oder Minimum vorliegt. Dazu benötigen wir die zweite Ableitung (wieder mit der Quotientenregel):

$$f''(x) = \frac{-\frac{1}{x} \cdot x^2 - (1 - \ln x)2x}{x^4} = \frac{2\ln x - 3}{x^3} \; .$$

Diese werten wir bei $x = e$ aus:

$$f''(e) = \frac{2\ln e - 3}{e^3} = \frac{-1}{e^3} < 0 \; ,$$

was bedeutet, dass f bei $x = e$ ein lokales Maximum hat. Weitere lokale Extrema gibt es nicht.

Integration

12

ÜBERBLICK

Motivation

>> Das Integral ist eine lineare Abbildung, die einer Funktion auf einem gegebenen Integrationsintervall eine Zahl (die Fläche zwischen x-Achse und Funktionsgraph; bestimmtes Integral) oder eine Funktion (Stammfunktion; unbestimmtes Integral) zuordnet.

Das klingt vermutlich nicht wirklich motivierend, aber es stecken wunderbare Dinge dahinter verborgen, welche die Integration auch zu einem großartigen Helfer in der Praxis machen.

Wir führen den Eingangssatz etwas aus: Dass es sich um eine lineare Abbildung handelt, werden wir durch die Rechenregeln einsehen und mit der Hilfe von sogenannten Integralen werden wir dann tatsächlich Flächen berechnen und – dort steckt der Kern und die tiefere Bedeutung – Stammfunktionen bilden. Dies sind gerade jene Funktionen, deren Ableitung wieder die integrierte Funktion liefert; in gewisser Weise sind also Integration und Differenziation Umkehrungen voneinander, wenn auch *nicht* im klassischen Sinne der Umkehrfunktion. Wir hatten ja bereits zuvor gesehen, dass (nach den Kenntnissen der Physik) die Ableitung der Ortsfunktion nach der Zeit die Geschwindigkeit liefert. Wenden wir umgekehrt die Integration auf die Geschwindigkeits-Funktion an, kommen wir zur Ortsfunktion zurück. Integration scheint also eng mit der Beschreibung der Natur verknüpft zu sein. Das ist es auch wirklich; so hatte schon Newton der Integralrechnung tiefe Einblicke zu verdanken.

Wesentliche klassische Ideen zum Integralbegriff stammen von einem Großmeister der Mathematik: Georg Friedrich Bernhard Riemann (1826–1866). Sie basieren darauf, die Fläche zwischen einer Funktion und der x-Achse von oben und unten durch Rechtecke zu approximieren, was in den folgenden Bildern exemplarisch gezeigt wird:

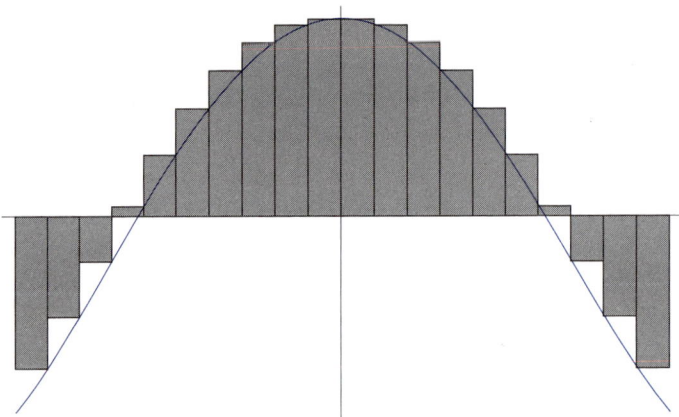

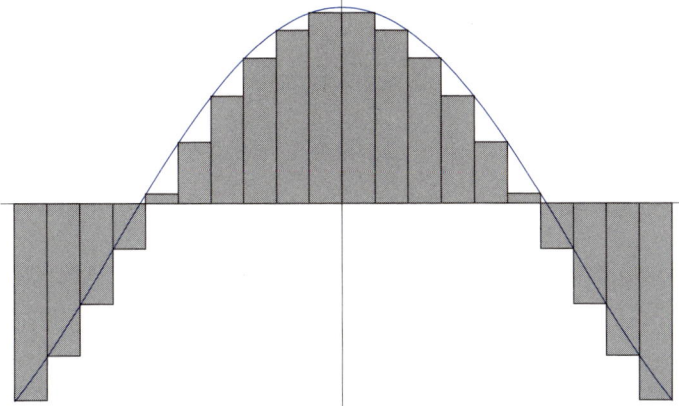

Dabei ist es mathematisch von Bedeutung zu untersuchen, ob – bei immer kleiner gewählten Grundseiten der Rechtecke – die Gesamtfläche der oberen gegen diejenige der unteren konvergiert. Eine Funktion, bei der dies klappt, heißt Riemann-integrierbar.

Wir werden hier einen noch etwas einfacheren Weg gehen und dabei intensiv auf das bauen, was wir über unendliche Reihen gelernt haben. 《

12.1 Grundlagen zur Integration

Wie berechnet man die Fläche zwischen der x-Achse und dem Graphen einer Funktion? Ist der Graph eine Gerade, so lässt sich die Fläche einfach durch Dreiecke und Rechtecke zusammensetzen.

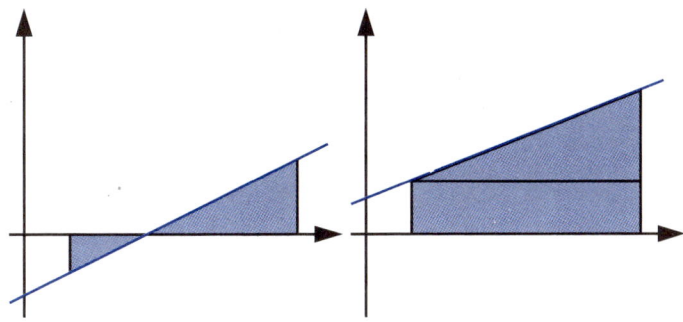

Bei komplizierteren Funktionen ist dies nicht so einfach. Wir beschränken uns auf die Berechnung von Rechtecken und minimieren den Fehler, indem wir das Intervall $[a, b]$ in viele (n Stück) gleich große Teilintervalle mit Randpunkten a und b aufteilen:

$$a =: x_0 < x_1 < \ldots < x_n := b$$

und jede Teilfläche durch ein Rechteck annähern. Die Grundflächen sind dann jeweils

$$\Delta x := \frac{b - a}{n} \, ,$$

die Randpunkte

$$x_k = a + k\Delta x \qquad (k = 0, \ldots, n)$$

und die Flächen der n Rechtecke

$$F_k = f(x_{k-1})\Delta x \, .$$

Für die letzte Gleichung ist $1 \le k \le n$, denn wir wollen stets die Funktionswerte für den jeweils linken Punkt der Teilintervalle berechnen. Ferner haben wir zwar $n + 1$ Randpunkte, aber nur n Flächen.

Es gilt für die gesamte durch die Rechtecke gebildete Fläche

$$F(n) = \sum_{k=1}^{n} F_k \, .$$

Zur Verdeutlichung des Vorgehens noch das folgende Bild als Beispiel:

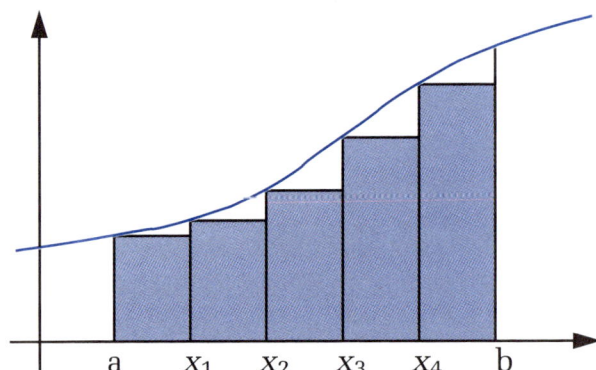

Bemerkung

Wie Sie sicher bemerkt haben, erhalten wir nach unserer Konstruktion für Abschnitte mit negativen Funktionswerten auch einen negativen Flächeninhalt. Dies ist beabsichtigt und wir werden auch im Folgenden stets von vorzeichenbehafteten Flächeninhalten reden, auch wenn wir es nicht dazuschreiben.

Satz

Für stetige oder monotone Funktionen $f\colon [a,b] \to \mathbb{R}$ existiert der Grenzwert von $F(n)$ und es ist

$$\int\limits_a^b f(x)\,dx := \lim_{n\to\infty} F(n) = \lim_{n\to\infty} \sum_{k=1}^{n} f(x_{k-1})\Delta x$$

das Integral von f über $[a,b]$.

Wenn wir die linke und die rechte Seite der im Satz formulierten Gleichung betrachten, erkennen wir, dass das Integral nach der Grenzwertbildung aus dem Summenzeichen entsteht (daher auch die Ähnlichkeit mit dem gewöhnlichen „S" für „Summe") und das Δx in das dx übergeht. Das Δx hatte noch eine greifbare endliche Größe, während das dx als beliebig (*infinitesimal*) kleine Größe zu verstehen ist.

Bemerkung

Es genügt, wenn f nur stückweise stetig (oder, analog definiert, stückweise monoton) ist. Die Integrale können dann für die einzelnen Teilstücke separat berechnet und anschließend addiert werden (bitte beachten Sie dazu auch die dritte der folgenden Regeln). Alle diese Funktionen nennen wir *integrierbar* (sie sind auf dem abgeschlossenen Intervall $[a,b]$ stets beschränkt). Wir möchten noch unterstreichen, dass wir es – auch in der Praxis – sehr oft mit stetigen Funktionen zu tun haben, und diese erkennen wir dann sofort als integrierbar. ◼

Wir geben nun einige Rechenregeln an, die häufig nützlich sind. Ihre Basis bildet die Tatsache, dass wir die Integration gerade über Reihen angegeben haben, für die Entsprechendes klar ist und in großen Teilen bereits behandelt wurde. Ferner ist anschaulich klar, was passiert. Dabei müssen wir nur daran denken, dass wir die Integration ja bisher als Flächenberechnung eingeführt haben. Zeichnen Sie im Zweifelsfall einfach ein paar Bilder zur Verdeutlichung. Nachstehend sind $a \le b \le c \in \mathbb{R}$ und die zweite Regel ist eher eine Definition für den Fall, dass die obere Integrationsgrenze kleiner ist als die untere:

$$\int\limits_a^a f(x)\,dx = 0$$

$$\int\limits_b^a f(x)\,dx := -\int\limits_a^b f(x)\,dx$$

$$\int\limits_a^b f(x)dx + \int\limits_b^c f(x)dx = \int\limits_a^c f(x)dx$$

$$\left.\begin{array}{l} \displaystyle\int\limits_a^b f(x) + g(x)dx = \int\limits_a^b f(x)dx + \int\limits_a^b g(x)dx \\[2em] \displaystyle\int\limits_a^b \lambda f(x)dx = \lambda \int\limits_a^b f(x)dx \end{array}\right\} \quad \text{(Linearität des Integrals)}$$

$$\left|\int\limits_a^b f(x)dx\right| \le \int\limits_a^b |f(x)|dx$$

$$\int\limits_a^b f(x)dx \le \int\limits_a^b g(x)dx, \quad \text{falls } f(x) \le g(x) \text{ für alle } x \in]a,b[\, .$$

12.2   Der Hauptsatz

Wir kommen hier (aus mathematischer Sicht) zum Finale des Kapitels zur Integration, wobei wir noch eine Definition benötigen:

Definition: Stammfunktion

Seien I ein Intervall und $f\colon I \to \mathbb{R}$. Eine Funktion $F\colon I \to \mathbb{R}$ heißt *Stammfunktion* von f, wenn für alle $x \in I$ gilt:

$$F'(x) = f(x) \, .$$

Bemerkung

Ist F eine Stammfunktion von f, so auch $F + c$ für beliebige Konstanten c, denn $(F + c)' = F' + 0 = F'$. Weitere Stammfunktionen gibt es allerdings nicht. Um sich nicht auf eine bestimmte Stammfunktion einigen zu müssen, schreiben wir auch

$$\int f(x)dx := F(x) + c$$

ohne Grenzen am Integralsymbol und nennen $\int f(x)dx$ *unbestimmtes Integral* von f.

Nun also zum Hauptsatz; dieser besteht in gewisser Weise aus zwei Teilen: Der erste kümmert sich um die Existenz der Stammfunktion, der zweite Teil liefert uns eine einfache Möglichkeit, um Integrale zu berechnen.

Hauptsatz der Differenzial- und Integralrechnung

Sei $f\colon [a,b] \to \mathbb{R}$ eine integrierbare Funktion, so ist für alle $x_0 \in [a,b]$ die Funktion $F\colon [a,b] \to \mathbb{R}$,

$$F(x) := \int_{x_0}^{x} f(t)\,dt$$

differenzierbar und eine Stammfunktion zu f. Ferner gilt die Gleichung

$$\int_{a}^{b} f(x)\,dx = F(b) - F(a) =: F(x)\big|_{a}^{b} \,.$$

Wir wollen diesen Satz für den (besonders wichtigen) Spezialfall stetiger Funktionen beweisen:

Zum Beweis des ersten Teils berechnen wir die Ableitung des dort definierten F:

Seien dazu $x \in [a,b]$ und $h \neq 0$ mit $x + h \in [a,b]$:

$$\frac{F(x+h) - F(x)}{h} = \frac{1}{h}\left(\int_{x_0}^{x+h} f(t)\,dt - \int_{x_0}^{x} f(t)\,dt \right) = \frac{1}{h} \int_{x}^{x+h} f(t)\,dt \,.$$

Da das Integral den Flächeninhalt unter dem Funktionsgraphen angibt, können wir dieses folgendermaßen durch Rechteckflächen abschätzen:

$$h \cdot \min_{t \in [x,x+h]} f(t) \leq \int_{x}^{x+h} f(t)\,dt \leq h \cdot \max_{t \in [x,x+h]} f(t) \,. \tag{12.1}$$

Nach dem Zwischenwertsatz gibt es ein ξ_h zwischen x und $x + h$ mit

$$\int_{x}^{x+h} f(t)\,dt = h \cdot f(\xi_h) \,.$$

Der Index bei ξ_h soll hier verdeutlichen, dass es vom Integrationsintervall, also von h, abhängt.

Es ist $\lim\limits_{h \to 0} \xi_h = x$, denn ξ_h ist ja gerade zwischen x und $x + h$ eingeklemmt. Also folgt

$$\lim_{h \to 0} \frac{F(x+h) - F(x)}{h} = \lim_{h \to 0} f(\xi_h) = f(x) \,.$$

Der zweite ergibt sich einfach durch Einsetzen der Definition von F:

$$F(b) - F(a) = \int_{x_0}^{b} f(t)dt - \int_{x_0}^{a} f(t)dt = \int_{x_0}^{b} f(t)dt + \int_{a}^{x_0} f(t)dt = \int_{a}^{b} f(t)dt \,.$$

Das war nicht ganz leicht, hat uns aber sicher einen tieferen Einblick gegeben.

Bemerkung

Die Argumentation, welche uns zu Zeile 12.1 geführt hat, können wir etwas verallgemeinern und erhalten für stetige Funktionen $f \colon [a, b] \rightarrow \mathbb{R}$ den sogenannten *Mittelwertsatz der Integralrechnung*:

$$m(b - a) \leq \int_{a}^{b} f(x)dx \leq M(b - a) \,,$$

falls $m \leq f(x) \leq M$ für alle $x \in [a, b]$. ■

Beispiel

Wir berechnen die Fläche unter dem Graphen der Funktion $f(x) := x^2$ auf $[-1, 1]$:

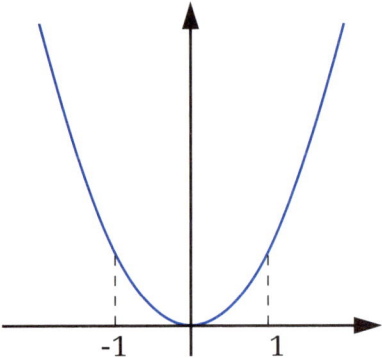

$$\int_{-1}^{1} x^2 dx = \left. \frac{x^3}{3} + c \right|_{-1}^{1} = \frac{1}{3} + c - \left(\frac{-1}{3} + c \right) = \frac{2}{3} + c - c = \frac{2}{3} \,.$$

Wir sehen in dem Beispiel, dass sich die Konstante der Stammfunktion bei der Berechnung des Integrals wegkürzt. Das Integral ist also unabhängig von der Wahl der Stammfunktion und wir müssen uns keine Gedanken machen, welches konkrete x_0 aus dem Hauptsatz wir verwenden. ■

12.3 Wichtige Regeln zur Integration

In diesem Abschnitt wollen wir darauf eingehen, wie möglichst geschickt ein Integral berechnet werden kann. Leider ist dies nämlich allgemein nicht einfach. *Integrieren ist eine Kunst.* Allerdings gibt es hilfreiche Regeln, die vieles leichter machen und Integrale oft auf bereits bekannte zurückführen.

Die gleich gezeigten Regeln gelten natürlich analog für unbestimmte Integrale; nur die Integrationsgrenzen kommen dann einfach nicht vor.

12.3.1 Substitutionsregel

Sei f stetig und F eine Stammfunktion von f. Ferner sei $x = x(t)$ stetig differenzierbar. Dann haben wir nach der Kettenregel

$$\frac{d(F \circ x)}{dt}(t) = F'(x(t)) \cdot \dot{x}(t) = f(x(t)) \cdot \dot{x}(t) .$$

Also folgt nach dem Hauptsatz der Differenzial- und Integralrechnung

$$\int_a^b f(x(t)) \cdot \dot{x}(t) dt = F(x(b)) - F(x(a)) = \int_{x(a)}^{x(b)} f(x) dx .$$

Dies ist die sogenannte *Substitutionsregel*.

Beispiel

Zum Integrieren von $\int_a^b f(3t+1) dt$ definieren wir $x(t) := 3t + 1$. Damit ist $\dot{x}(t) = 3$ und die Substitutionsregel führt zu

$$\int_a^b f(3t+1) dt = \frac{1}{3} \int_a^b f(x(t)) \dot{x}(t) dt = \frac{1}{3} \int_{x(a)}^{x(b)} f(x) dx = \frac{1}{3} \int_{3a+1}^{3b+1} f(x) dx .$$

Obiger Lösungsweg wurde direkt auf die Substitutionsregel zugeschnitten. Nun das gleiche Beispiel etwas anders: Wir wählen wieder $x(t) := 3t + 1$ und formen deren Ableitung um, so als handele es sich um einen echten Bruch und nicht nur um eine formale Schreibweise:

$$\dot{x}(t) = \frac{dx}{dt} = 3 \quad \Rightarrow \quad \frac{dx}{3} = dt \, .$$

Natürlich ist diese Schreibweise nicht willkürlich, sondern clever mit der Integralschreibweise abgestimmt, sodass wir die erhaltene Gleichung einfach ins Integral einsetzen und die Integralgrenzen anpassen müssen, um die Substitutionsregel anzuwenden:

$$\int_a^b f(3t + 1)dt = \int_{x(a)}^{x(b)} f(x)\frac{dx}{3} = \int_{3a+1}^{3b+1} \frac{f(x)}{3}dx \, .$$

Diese Methode empfinden viele als angenehmer, da sie konstruktiver ist. Beispielsweise können wir damit auch leicht die Substitutionsregel in „umgekehrter" Richtung ausführen:

■ Beispiel

Wir integrieren $\int_{-1}^{1} \sqrt{1 - t^2}\,dt$, indem wir $t := \sin x$ substituieren. Dann ist nämlich

$$\frac{dt}{dx} = \cos x \quad \text{bzw.} \quad dt = \cos x\,dx$$

und somit

$$\int_{-1}^{1} \sqrt{1 - t^2}\,dt = \int_{\arcsin(-1)}^{\arcsin(1)} \sqrt{1 - \sin^2 x}\,\cos x\,dx = \int_{-\frac{\pi}{2}}^{\frac{\pi}{2}} \sqrt{\cos^2 x}\,\cos x\,dx$$

$$= \int_{-\frac{\pi}{2}}^{\frac{\pi}{2}} \cos^2 x\,dx \, .$$

Hier wurde also $t(x)$ eingeführt, im Beispiel davor $x(t)$.

Bemerkung

Ohne Integrationsgrenzen, also bei der Bestimmung eines unbestimmten Integrals, muss nach der Substitution die erhaltene Stammfunktion wieder in Abhängigkeit der alten Variablen gebracht werden. ∎

12.3.2 Partielle Integration

Seien f, g auf dem Intervall $[a, b]$ stetig differenzierbare Funktionen. Nach der Produktregel ist dann

$$(f \cdot g)' = f' \cdot g + f \cdot g' \, ,$$

d. h., $f \cdot g$ ist eine Stammfunktion des rechten Ausdrucks. Nach dem Hauptsatz der Differenzial- und Integralrechnung gilt somit

$$f(x) \cdot g(x)\big|_a^b = \int_a^b (f(x) \cdot g(x))' dx = \int_a^b f'(x) \cdot g(x) dx + \int_a^b f(x) \cdot g'(x) dx$$

oder umgestellt

$$\int_a^b f'(x) \cdot g(x) dx = f(x) \cdot g(x)\big|_a^b - \int_a^b f(x) \cdot g'(x) dx \, .$$

Diese Regel heißt *partielle Integration*. Sie ist auch oft in der Form

$$\int_a^b f(x) \cdot g(x) dx = F(x) \cdot g(x)\big|_a^b - \int_a^b F(x) \cdot g'(x) dx$$

vertreten.

Wir bringen ein Beispiel mit möglicher Falle, das in keinem Buch fehlen sollte:

Beispiel

Bei der Integration von $x \cdot e^x$ wählen wir $f'(x) := e^x$ und $g(x) := x$. Demnach ist

$$\int_a^b x e^x dx = x e^x\big|_a^b - \int_a^b 1 \cdot e^x dx = (x - 1) e^x\big|_a^b \, .$$

Die partielle Integration wird beim Integrieren von Produkten oft angewendet. Wie wir im übernächsten Beispiel sehen werden, sind Produkte allerdings nicht immer offensichtlich. Bei der Entscheidung, welcher Faktor als f' und welcher als g angesehen wird, sollten Sie sich überlegen, ob das Integral, mit dem Sie es nach der partiellen Integration zu tun haben, einfacher zu berechnen ist. Hätten wir im vorigen Beispiel die Rollen von f und g vertauscht, hätten wir es nach der partiellen Integration mit $\int \frac{1}{2}x^2 e^x dx$ zu tun gehabt. Dadurch hätte sich unsere Lage allerdings nicht verbessert. Der Blick dafür, welches die richtige Wahl ist bzw. ob partielle Integration überhaupt von Nutzen ist, entsteht durch unaufhörliches Üben.

■ Beispiel

$$\int e^x(2 - x^2)\,dx = e^x(2 - x^2) - \int e^x(-2x)\,dx$$
$$= e^x(2 - x^2) + 2\int xe^x\,dx$$
$$= e^x(2x - x^2)$$

Konnten Sie die Rechnung verstehen? Was war hier f', was g?

Welcher Wert wurde hier den Integrationskonstanten gegeben?

■ Beispiel

Wir integrieren $\ln x$ in den Grenzen von 1 bis 2 mithilfe der partiellen Integration. Dazu wählen wir $g(x) := \ln x$ und $f'(x) := 1$. Es folgt

$$\int\limits_1^2 1 \cdot \ln x\,dx = x \cdot \ln x\big|_1^2 - \int\limits_1^2 x \cdot \frac{1}{x}\,dx = (x\ln x - x)\big|_1^2 .$$

Indem wir die Integrationsgrenzen weglassen, haben wir auch gleich die Stammfunktion von $\ln x$ gefunden, nämlich $G(x) = x\ln x - x$.

12.3.3 Integration rationaler Funktionen

Oft entstehen durch Anwendung der Substitutionsregel oder der partiellen Integration rationale Funktionen, also Funktionen der Form

$$\frac{p(x)}{q(x)}, \quad p, q: \text{Polynome},$$

die es weiter zu integrieren gilt. Von diesen wissen wir bereits, dass sie stets durch Polynomdivision und anschließender Partialbruchzerlegung in ein Polynom und eine Summe sehr einfacher rationaler Funktionen der Form

$$\frac{A}{(x-a)^k} \quad \text{oder} \quad \frac{Bx+C}{(x^2+bx+c)^k}$$

mit $k \in \mathbb{N}$ zerlegt werden können. Wegen der Linearität des Integrals – Summen können einzeln integriert und Konstanten vor das Integral gezogen werden – können wir jede beliebige rationale Funktion integrieren, wenn wir nur wissen, was die Stammfunktionen von

$$x^k, \quad \frac{1}{(x-a)^k}, \quad \frac{2x+b}{(x^2+bx+c)^k} \quad \text{und} \quad \frac{1}{(x^2+bx+c)^k}$$

sind. Die meisten dieser Terme sind sehr einfach zu integrieren, ggf. durch ein wenig Herumprobieren oder durch Anwendung der Substitutionsregel. Die Lösung des letzten Terms ist etwas schwieriger, weshalb wir ihn nach folgender Auflistung genauer untersuchen. Es ist

$$\int x^k dx = \frac{x^{k+1}}{k+1}$$

$$\int \frac{1}{(x-a)^k} dx = \int (x-a)^{-k} dx = \frac{(x-a)^{-k+1}}{-k+1}$$

$$= \frac{-1}{(k-1)(x-a)^{k-1}} \quad \text{(für } k > 1)$$

$$\int \frac{1}{x-a} dx = \ln(x-a)$$

$$\int \frac{2x+b}{(x^2+bx+c)^k} dx = \int (x^2+bx+c)^{-k}(2x+b)dx = \frac{(x^2+bx+c)^{-k+1}}{-k+1}$$

$$= \frac{-1}{(k-1)(x^2+bx+c)^{k-1}} \quad \text{(für } k > 1)$$

$$\int \frac{2x+b}{x^2+bx+c} dx = \ln(x^2+bx+c)$$

$$\int \frac{1}{x^2+bx+c} dx = \frac{1}{\sqrt{c-\frac{b^2}{4}}} \arctan\left(\frac{x+\frac{b}{2}}{\sqrt{c-\frac{b^2}{4}}}\right).$$

Dabei sind a, b, c geeignete reelle Zahlen, also solche, für welche die Ausdrücke stets definiert sind.

Die letzte Gleichung wollen wir etwas genauer herleiten. Dazu erinnern wir an die Ableitung des Arcustangens

$$(\arctan x)' = \frac{1}{\tan'(\arctan x)} = \frac{1}{1+\tan^2(\arctan x)} = \frac{1}{1+x^2},$$

da wir sie gleich als Stammfunktion brauchen. Wir betrachten den Fall, dass der Nenner x^2+bx+c keine reellen Nullstellen hat – sonst könnte er ja bei der Partialbruchzerlegung weiter zerlegt werden –, sondern ein komplex konjugiertes Paar x_0

und $\overline{x_0}$ von komplexen Nullstellen. So können wir $x^2 + bx + c$ auch folgendermaßen schreiben:

$$x^2 + bx + c = (x - x_0)(x - \overline{x_0}) = x^2 - (x_0 + \overline{x_0})x + x_0\overline{x_0} = x^2 - 2\operatorname{Re}(x_0)x + |x_0|^2 \,,$$

also ist $b = -2\operatorname{Re}(x_0)$ und $c = |x_0|^2 = \operatorname{Re}(x_0)^2 + \operatorname{Im}(x_0)^2$. Damit formen wir den Nenner so um, dass er sich bequem zur Ableitung des Arcustangens hin substituieren lässt:

$$x^2 - 2\operatorname{Re}(x_0)x + |x_0|^2 = (x - \operatorname{Re}(x_0))^2 + \operatorname{Im}(x_0)^2 = \operatorname{Im}(x_0)^2 \left(\left(\frac{x - \operatorname{Re}(x_0)}{\operatorname{Im}(x_0)} \right)^2 + 1 \right) \,.$$

Mit der Substitution

$$y := \frac{x - \operatorname{Re}(x_0)}{\operatorname{Im}(x_0)} \,, \quad \frac{dy}{dx} = \frac{1}{\operatorname{Im}(x_0)}$$

ist somit

$$\int \frac{1}{x^2 + bx + c} dx = \int \frac{1}{x^2 - 2\operatorname{Re}(x_0)x + |x_0|^2} dx$$

$$= \frac{1}{\operatorname{Im}(x_0)^2} \int \frac{1}{\left(\frac{x - \operatorname{Re}(x_0)}{\operatorname{Im}(x_0)} \right)^2 + 1} dx$$

$$= \frac{1}{\operatorname{Im}(x_0)} \int \frac{1}{y^2 + 1} dy$$

$$= \frac{1}{\operatorname{Im}(x_0)} \arctan y$$

$$= \frac{1}{\operatorname{Im}(x_0)} \arctan \left(\frac{x - \operatorname{Re}(x_0)}{\operatorname{Im}(x_0)} \right)$$

$$= \frac{1}{\sqrt{c - \frac{b^2}{4}}} \arctan \left(\frac{x + \frac{b}{2}}{\sqrt{c - \frac{b^2}{4}}} \right) \,.$$

12.4   Das uneigentliche Integral

Das uneigentliche Integral kommt in vielen Anwendungen vor. Zur Behandlung wird wieder der Grenzwertbegriff nötig sein, denn solche Integrale müssen über diesen auf ihre Konvergenz hin untersucht werden.

Woher kommt aber die Notwendigkeit für diesen Integralbegriff? Neben den Anwendungen können wir dies recht einfach anhand der Frage beantworten, ob die Fläche unter einem Funktionsgraphen „ausläuft", also unendlich groß wird, wenn der Graph z. B. nicht die x-Achse schneidet. Folgendes Bild macht alles etwas deutlicher. Wir sehen darin die Funktion $\frac{1}{x}$ aufgezeichnet. Wenn wir die Fläche zur Null hin berechnen wollen, scheint diese unendlich groß zu werden, gleichfalls, wenn wir z. B. von 1 bis ins Unendliche integrieren wollen (es ist natürlich nur ein Ausschnitt zu sehen).

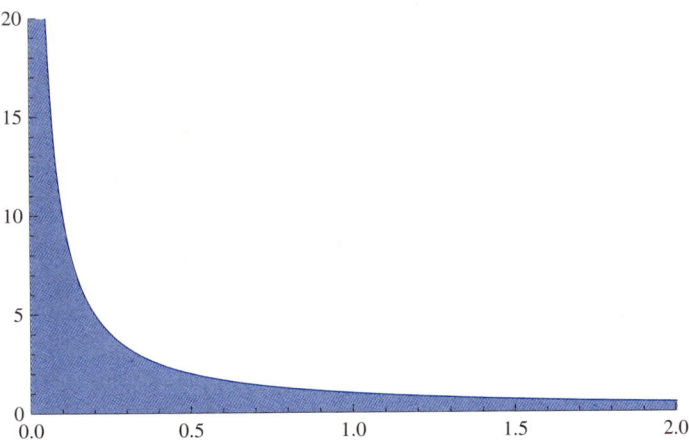

Aber aufgepasst! Schon bei Reihen haben wir gesehen, dass wir uns nicht auf grobe Überlegungen verlassen können, der Schein kann trügen. Im nächsten Bild sehen wir die Graphen der Funktionen $\frac{1}{x}$ (oberer Graph) und $\frac{1}{x^2}$ (unterer Graph), beginnend bei $x = 1$:

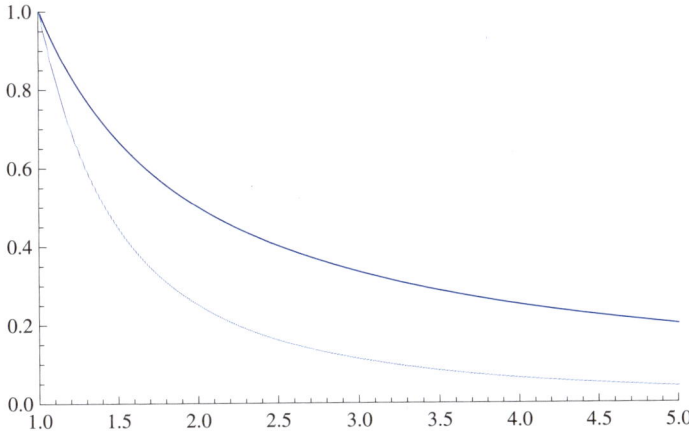

Wenn wir hier von 1 bis ins Unendliche integrieren, so konvergiert die Fläche unter dem Graphen von $\frac{1}{x^2}$, nicht aber unter $\frac{1}{x}$. Das war nicht zu erwarten, denn auch hier scheint die Fläche unendlich groß zu werden, selbst wenn der Graph schnell näher an die x-Achse kommt. Wirklich erreicht wird sie an keiner Stelle.

12.4.1 Integration unbeschränkter Funktionen

Betrachten Sie

$$\int_0^1 \frac{1}{x}\,dx\,.$$

Hier ist der Integrand $\frac{1}{x}$ an einer der Integrationsgrenzen (nämlich der unteren) *kritisch*, d. h. unbeschränkt. In solchen Fällen nähern wir uns an diese Grenze an und definieren dabei

$$\int_a^b f(x)\,dx := \lim_{\xi \searrow a} \int_\xi^b f(x)\,dx \quad \text{bzw.} \quad \int_a^b f(x)\,dx := \lim_{\xi \nearrow b} \int_a^\xi f(x)\,dx\,,$$

je nachdem, ob die untere oder obere Grenze kritisch ist.

■ Beispiel

$$\int_0^1 \frac{1}{x}\,dx = \lim_{\xi \searrow 0} \int_\xi^1 \frac{1}{x}\,dx = \lim_{\xi \searrow 0} \ln x\big|_\xi^1 = \lim_{\xi \searrow 0} (\ln 1 - \ln \xi) = \lim_{\xi \searrow 0} (-\ln \xi) = \infty\,,$$

somit existiert dieses Integral nicht.

Für $0 < a < 1$ ist hingegen

$$\int_0^1 \frac{1}{x^a}\,dx = \lim_{\xi \searrow 0} \frac{x^{1-a}}{1-a}\bigg|_\xi^1 = \frac{1}{1-a} \lim_{\xi \searrow 0} \left(1 - \xi^{1-a}\right) = \frac{1}{1-a}\,.$$

Befindet sich die kritische Stelle x_0 des Integranden innerhalb der Integrationsgrenzen, teilen wir den Integrationsbereich in zwei Teilstücke auf:

$$\int_a^b f(x)\,dx := \lim_{\xi \nearrow x_0} \int_a^\xi f(x)\,dx + \lim_{\xi \searrow x_0} \int_\xi^b f(x)\,dx\,.$$

Bei mehreren kritischen Stellen zerlegen wir den Integrationsbereich entsprechend mehrfach.

12.4.2 Unbeschränkte Integrationsgrenzen

Betrachten wir hierfür

$$\int\limits_{1}^{\infty} \frac{1}{x} dx \,.$$

Der Integrand ist aus dem vorigen Abschnitt bekannt, allerdings gibt es für die untere Grenze kein Problem wie zuvor. Da wir über die Existenz aufgrund der oberen Grenze nichts wissen, muss gesagt werden, was damit gemeint ist, nämlich

$$\int\limits_{a}^{\infty} f(x) dx := \lim_{b \to \infty} \int\limits_{a}^{b} f(x) dx \,.$$

Nur wenn der Grenzwert existiert, ist das entsprechende uneigentliche Integral definiert. Analog definieren wir das uneigentliche Integral, bei dem die untere Integrationsgrenze unendlich ist:

$$\int\limits_{-\infty}^{b} f(x) dx := \lim_{a \to -\infty} \int\limits_{a}^{b} f(x) dx \,.$$

Beispiel

$$\int\limits_{1}^{\infty} \frac{1}{x} dx = \lim_{b \to \infty} \int\limits_{1}^{b} \frac{1}{x} dx = \lim_{b \to \infty} \ln x \big|_{1}^{b} = \lim_{b \to \infty} (\ln b - \ln 1) = \lim_{b \to \infty} \ln b = \infty \,,$$

somit existiert dieses Integral nicht.

Für $a > 1$ ist hingegen

$$\int\limits_{1}^{\infty} \frac{1}{x^a} dx = \lim_{b \to \infty} \frac{1}{(1-a)x^{a-1}} \bigg|_{1}^{b} = \frac{1}{1-a} \lim_{b \to \infty} \left(\frac{1}{b^{a-1}} - 1 \right) = \frac{1}{a-1} \,.$$

Sind beide Grenzen unendlich, wird also über ganz $\mathbb{R}$ integriert, so teilen wir $\mathbb{R}$ einfach in zwei Integrationsbereiche und verwenden die obigen Definitionen:

$$\int_{-\infty}^{\infty} f(x)\,dx := \int_{-\infty}^{b} f(x)\,dx + \int_{b}^{\infty} f(x)\,dx$$

$$= \lim_{a \to -\infty} \int_{a}^{b} f(x)\,dx + \lim_{c \to \infty} \int_{b}^{c} f(x)\,dx\,.$$

Erst wenn beide Teilintegrale existieren, ist das gesamte Integral definiert. Wir müssen hier selbstverständlich darauf achten, dass wir mit b nicht eine kritische Stelle wählen.

Bemerkung

Oft wird behauptet, dass beispielsweise das Integral $\int_{-\infty}^{\infty} x\,dx = 0$ sei, weil der Integrand ungerade ist und sich, vom Ursprung gleichermaßen in beide Richtungen ausgehend, positive und negative Integralanteile genau aufheben. Doch Vorsicht: Starten wir nicht genau vom Ursprung oder integrieren wir nicht „gleich schnell" in positive und negative Richtung, könnten wir jeden beliebigen Wert erzeugen. Das widerspricht aber gänzlich unserem Grenzwertbegriff. ■

Natürlich können die behandelten Typen uneigentlicher Integrale beliebig kombiniert werden, so ist z. B.

$$\int_{-\infty}^{\infty} \frac{1}{x^3 - 1}\,dx$$

möglich. Hier haben wir unbeschränkte Integrationsgrenzen und einen Integranden mit einer kritischen Stelle bei 1. Aber hier ist selbstverständlich alles auf die behandelten Fälle reduzierbar und wir können das Integral folgendermaßen aufteilen, wobei $x_0 < 1 < x_1$ ist:

$$\int_{-\infty}^{\infty} \frac{1}{x^3 - 1}\,dx = \lim_{a \to -\infty} \int_{a}^{x_0} \frac{1}{x^3 - 1}\,dx + \lim_{b \nearrow 1} \int_{x_0}^{b} \frac{1}{x^3 - 1}\,dx$$

$$+ \lim_{c \searrow 1} \int_{c}^{x_1} \frac{1}{x^3 - 1}\,dx + \lim_{d \to +\infty} \int_{x_1}^{d} \frac{1}{x^3 - 1}\,dx\,.$$

Wir liefern am Ende noch ein Beispiel mit Praxisbezug, bei dem wir einige physikalische Überlegungen einfließen lassen.

Beispiel

Wir betrachten eine Rakete auf der Oberfläche eines Planeten mit dem Radius R. Ist es möglich, eine solche Rakete mit nur einer endlichen Menge an Treibstoff beliebig weit ins All zu befördern? Diese Frage ist durchaus berechtigt und scheint zuerst negativ beantwortet werden zu müssen. Denn durch eine endliche Menge an Treibstoff kann die Rakete über ihre Triebwerke nur eine endliche Arbeit gegen das Gravitationsfeld des Planeten verrichten. Dieses nimmt mit steigender Höhe zwar quadratisch ab, da es sich auf eine quadratisch größer werdende Kugeloberfläche verteilt, allerdings wird es nie wirklich null. Es wird also immer ein wenig an unserem Flugobjekt „gezerrt". Die Rakete soll also von der Höhe R (Oberfläche des Planeten) beliebig weit ins All befördert werden. Die auf die Rakete wirkende Kraft auf der Oberfläche des Planeten ist mg, wobei m die Masse der Rakete ist und g die Gravitationskonstante des Planeten. Die Kraft in Abhängigkeit vom Abstand r der Rakete zum Planetenmittelpunkt ist dann $mg\frac{R^2}{r^2}$. Multiplizieren wir diese Kraft mit dem (infinitesimal kleinen) Weg dr, so haben wir die Arbeit, welche die Rakete auf diesem winzigen Stück dr verrichten muss, wenn sie den Planeten verlässt. Die gesamte, von der Rakete zu verrichtende Arbeit erhalten wir durch (unendliche) Summation der Arbeit $mg\frac{R^2}{r^2}\,dr$, was genau folgendem Integral entspricht:

$$\int_R^\infty mg\frac{R^2}{r^2}\,dr = mgR^2 \lim_{\rho \to \infty} \int_R^\rho \frac{1}{r^2}\,dr$$

$$= -mgR^2 \lim_{\rho \to \infty} \frac{1}{r}\Big|_R^\rho$$

$$= -mgR^2 \lim_{\rho \to \infty} \left(\frac{1}{\rho} - \frac{1}{R} \right)$$

$$= mgR \, .$$

Und das ist endlich! Was muss das für eine Erleichterung für die Pioniere der Weltraumforschung gewesen sein!

Reihen und Integrale

Wir kommen hier auf Reihen zurück und nutzen beim folgenden Satz, dass das bestimmte Integral gerade über den Grenzwert von Reihen definiert wurde, wodurch über die Richtigkeit des Satzes eigentlich schon alles gesagt ist.

Intervallvergleichskriterium

Sei $f : [1, \infty[\to \mathbb{R}$ eine stetige monoton fallende und positive Funktion. Die Reihe

$$\sum_{n=1}^{\infty} f(n)$$

konvergiert genau dann, wenn

$$\int_{1}^{\infty} f(x)\,dx$$

konvergiert.

■ **Beispiel**

Im letzten Beispiel haben wir gesehen, dass

$$\int_{1}^{\infty} \frac{1}{x}\,dx = \infty \; .$$

Nach dem Integralvergleichskriterium divergiert also die harmonische Reihe. Klar ist dadurch aber gleichfalls, dass z. B. $\sum_{n=1}^{\infty} \frac{1}{n^2}$ konvergiert.

Das Bild verdeutlicht das Geschehen nochmals für die harmonische Reihe; die Rechteckflächen entsprechen gerade den Summanden dieser Reihe.

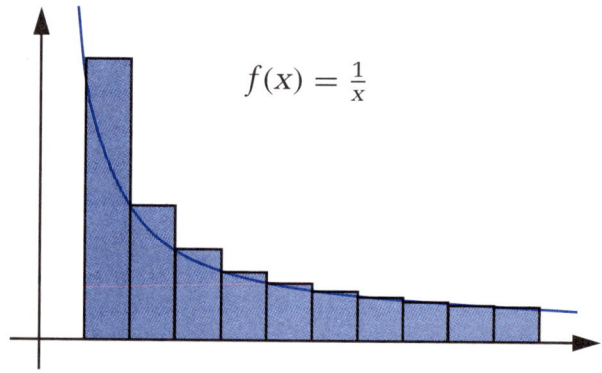

$$f(x) = \frac{1}{x}$$

Einige Fragen

- Was ist die Grundidee bei der Berechnung von bestimmten Integralen? Fertigen Sie Skizzen an.

- Sind differenzierbare Funktionen integrierbar?

- Was besagt der Hauptsatz der Differenzial- und Integralrechnung?

- Welche Rolle spielt die Integrationskonstante?

- Was ist der Mittelwertsatz der Integralrechnung und wofür kann er verwendet werden?

- Nennen Sie alle wichtigen Integrationsregeln.

- Was ist ein uneigentliches Integral und was muss bei seiner Berechnung beachtet werden?

- Formulieren Sie das Integralvergleichskriterium.

Aufgaben

1. Berechnen Sie $\int \frac{g'(x)}{g(x)} dx$ (Logarithmische Ableitung).

2. Berechnen Sie folgende Stammfunktionen:

$$\int \cos x \sin x\, dx\, , \quad \int x \sin x\, dx\, , \quad \int \cos^2 x\, dx\, , \quad \int \frac{x^2 + x}{x^2 + 2}\, dx\, .$$

3. Berechnen Sie folgende Integrale:

$$\int_1^2 \frac{1}{x^3}\, dx\, , \quad \int_0^\pi \sin(\lambda x)\, dx\, , \quad \int_1^2 x\sqrt{x - 1}\, dx\, .$$

4. Fassen Sie tabellarisch zusammen, für welche $a \in \mathbb{R}$ die uneigentlichen Integrale

$$\int_0^1 \frac{1}{x^a}\, dx \quad \text{bzw.} \quad \int_1^\infty \frac{1}{x^a}\, dx$$

existieren und welche Werte sie annehmen. Stellen Sie die dazu notwendigen Berechnungen an.

5. Überprüfen Sie, ob folgende uneigentlichen Integrale existieren und berechnen Sie ggf. ihren Wert:

$$\int_1^\infty \frac{1}{x(x + 1)^2}\, dx\, , \quad \int_0^2 \frac{1}{x - 1}\, dx\, , \quad \int_0^1 \frac{1}{\sqrt{1 - x^2}}\, dx\, , \quad \int_{-\infty}^\infty \frac{1}{1 + x^2}\, dx\, .$$

Lösungen

1. Der Begriff „Logarithmische Ableitung" deutet schon mal einen Zusammenhang zum Logarithmus an. Wie genau dieser Zusammenhang aussieht, verrät uns die Substitutionsregel:

$$\int_a^t \frac{g'(x)}{g(x)}\, dx = \int_a^t \frac{1}{g(x)} g'(x)\, dx = \int_{g(a)}^{g(t)} \frac{1}{g}\, dg = \ln g(t) - \ln g(a)$$

oder auch

$$\int_a^t \frac{g'(x)}{g(x)}\, dx = \int_a^t \frac{1}{g(x)} \frac{dg}{dx}\, dx = \int_{g(a)}^{g(t)} \frac{1}{g}\, dg = \ln g(t) - \ln g(a)\, .$$

Damit ist der natürliche Logarithmus eine Stammfunktion der logarithmischen Ableitung:

$$\int \frac{g'(x)}{g(x)} dx = \ln g(x) + c \,.$$

2.

$$\int \cos x \, \sin x \, dx = \sin x \, \sin x - \int \sin x \, \cos x \, dx$$

$$\Rightarrow \quad \int \cos x \, \sin x \, dx = \frac{1}{2} \sin^2 x + c$$

$$\int x \sin x \, dx = x(-\cos x) - \int 1(-\cos x) \, dx$$

$$= -x \cos x + \int \cos x \, dx$$

$$= -x \cos x + \sin x + c$$

$$\int \cos^2 x \, dx = \int \cos x \cos x \, dx$$

$$= \sin x \, \cos x - \int \sin x (-\sin x) \, dx$$

$$= \sin x \, \cos x + \int \left(1 - \cos^2 x\right) dx$$

$$= \sin x \, \cos x + x - \int \cos^2 x \, dx$$

$$\Rightarrow \quad \int \cos^2 x \, dx = \frac{1}{2} (\sin x \, \cos x + x) + c$$

$$\int \frac{x^2 + x}{x^2 + 2} dx = \int 1 + \frac{x - 2}{x^2 + 2} dx$$

$$= \int 1 \, dx + \frac{1}{2} \int \frac{2x}{x^2 + 2} dx - 2 \int \frac{1}{x^2 + 2} dx$$

$$= x + \frac{1}{2} \ln \left(x^2 + 2\right) - 2 \frac{1}{\sqrt{2}} \arctan \left(\frac{x}{\sqrt{2}}\right)$$

$$= x + \frac{1}{2} \ln \left(x^2 + 2\right) - \sqrt{2} \arctan \left(\frac{x}{\sqrt{2}}\right)$$

3.

$$\int\limits_{1}^{2} \frac{1}{x^3}\, dx = \int\limits_{1}^{2} x^{-3}\, dx$$

$$= \frac{1}{-2} x^{-2}\Big|_{1}^{2}$$

$$= \frac{1}{-2x^2}\Big|_{1}^{2}$$

$$= \frac{1}{-8} - \frac{1}{-2}$$

$$= \frac{3}{8}$$

$$\int\limits_{0}^{\pi} \sin(\lambda x)\, dx = -\frac{1}{\lambda} \cos(\lambda x)\Big|_{0}^{\pi}$$

$$= -\frac{1}{\lambda}\left(\cos(\lambda \pi) - \cos 0\right)$$

$$= -\frac{1}{\lambda}\left(\cos(\lambda \pi) - 1\right)$$

$$\int\limits_{1}^{2} x\sqrt{x-1}\, dx = \int\limits_{1}^{2} x(x-1)^{\frac{1}{2}}\, dx$$

$$= x\frac{2}{3}(x-1)^{\frac{3}{2}}\Big|_{1}^{2} - \int\limits_{1}^{2} 1 \cdot \frac{2}{3}(x-1)^{\frac{3}{2}}\, dx$$

$$= \left(\frac{2}{3}x(x-1)^{\frac{3}{2}} - \frac{2}{3}\cdot\frac{2}{5}(x-1)^{\frac{5}{2}}\right)\Big|_{1}^{2}$$

$$= \frac{2}{3}2 - \frac{2}{3}\frac{2}{5}$$

$$= \frac{16}{15}$$

4. Wir unterscheiden drei Fälle, in denen wir zunächst einmal die Stammfunktion bestimmen und so notieren, dass der Exponent von x positiv ist:

$$a > 1 : \quad \int \frac{1}{x^a}\, dx = \frac{1}{-(a-1)x^{a-1}} = \frac{-1}{(a-1)x^{a-1}} + c\,,$$

$$a = 1 : \quad \int \frac{1}{x^a}\, dx = \ln x + c\,,$$

$$a < 1 : \quad \int \frac{1}{x^a}\, dx = \frac{x^{1-a}}{1-a} + c\,.$$

Nun können wir die Grenzwerte für die uneigentlichen Integrale betrachten:

$$a > 1: \quad \int_0^1 \frac{1}{x^a}\,dx = \lim_{b \searrow 0} \int_b^1 \frac{1}{x^a}\,dx$$

$$= \lim_{b \searrow 0} \frac{-1}{(a-1)x^{a-1}}\bigg|_b^1$$

$$= \lim_{b \searrow 0} \left(\frac{-1}{a-1} - \frac{-1}{(a-1)b^{a-1}} \right)$$

$$= \infty$$

$$\int_1^\infty \frac{1}{x^a}\,dx = \lim_{b \to \infty} \int_1^b \frac{1}{x^a}\,dx$$

$$= \lim_{b \to \infty} \frac{-1}{(a-1)x^{a-1}}\bigg|_1^b$$

$$= \lim_{b \to \infty} \left(\frac{-1}{(a-1)b^{a-1}} - \frac{-1}{a-1} \right)$$

$$= \frac{1}{a-1}$$

$$a = 1: \quad \int_0^1 \frac{1}{x^a}\,dx = \lim_{b \searrow 0} \int_b^1 \frac{1}{x^a}\,dx$$

$$= \lim_{b \searrow 0} \ln x \big|_b^1$$

$$= \lim_{b \searrow 0} \left(0 - \ln b \right)$$

$$= \infty$$

$$\int_1^\infty \frac{1}{x^a}\,dx = \lim_{b \to \infty} \int_1^b \frac{1}{x^a}\,dx$$

$$= \lim_{b \to \infty} \ln x \big|_1^b$$

$$= \lim_{b \to \infty} \left(\ln b - 0 \right)$$

$$= \infty$$

$$a < 1: \quad \int_0^1 \frac{1}{x^a}\, dx = \lim_{b \searrow 0} \int_b^1 \frac{1}{x^a}\, dx$$

$$= \lim_{b \searrow 0} \frac{x^{1-a}}{1-a}\bigg|_b^1$$

$$= \lim_{b \searrow 0} \left(\frac{1}{1-a} - \frac{b^{1-a}}{1-a} \right)$$

$$= \frac{1}{1-a}$$

$$\int_1^\infty \frac{1}{x^a}\, dx = \lim_{b \to \infty} \int_1^b \frac{1}{x^a}\, dx$$

$$= \lim_{b \to \infty} \frac{x^{1-a}}{1-a}\bigg|_1^b$$

$$= \lim_{b \to \infty} \left(\frac{b^{1-a}}{1-a} - \frac{1}{1-a} \right)$$

$$= \infty \,.$$

Tabellarisch sieht das so aus:

	$\int_0^1 \frac{1}{x^a}\, dx$	$\int_1^\infty \frac{1}{x^a}\, dx$
$a > 1$	∞	$\frac{1}{a-1}$
$a = 1$	∞	∞
$a < 1$	$\frac{1}{1-a}$	∞

5. Bei der ersten Aufgabe behelfen wir uns mit einer schnellen Partialbruchzerlegung:

$$\int_1^\infty \frac{1}{x(x+1)^2}\, dx = \int_1^\infty \frac{1}{x} - \frac{1}{x+1} - \frac{1}{(x+1)^2}\, dx$$

$$= \lim_{b \to \infty} \left(\ln x - \ln(x+1) + \frac{1}{x+1} \right)\bigg|_1^b$$

$$= \lim_{b \to \infty} \left(\ln b - \ln(b+1) + \frac{1}{b+1} + \ln 2 - \frac{1}{2} \right)$$

$$= \lim_{b \to \infty} \left(\ln \left(\frac{b}{b+1} \right) + \frac{1}{b+1} + \ln 2 - \frac{1}{2} \right)$$

$$= \ln 2 - \frac{1}{2} \,.$$

Bei der zweiten Aufgabe ist der Integrand für $x = 1$ nicht definiert, sodass wir das uneigentliche Integral in zwei uneigentliche Integrale für die Integrationsbereiche $]0, 1[$ bzw. $]1, 2[$ aufteilen müssen:

$$\int\limits_0^2 \frac{1}{x-1} \, dx = \int\limits_0^1 \frac{1}{x-1} \, dx + \int\limits_1^2 \frac{1}{x-1} \, dx$$

$$= \lim_{b \nearrow 1} \ln(x-1) \Big|_1^b + \lim_{a \searrow 1} \ln(x-1) \Big|_a^2$$

Da aber weder der eine noch der andere Grenzwert existieren, existiert auch das uneigentliche Integral nicht.

Bei der dritten Aufgabe substituieren wir $x = \sin t$, $dx = \cos t \, dt$:

$$\int\limits_0^1 \frac{1}{\sqrt{1-x^2}} \, dx = \lim_{b \nearrow 1} \int\limits_0^b \frac{1}{\sqrt{1-x^2}} \, dx$$

$$= \lim_{b \nearrow 1} \int\limits_{\arcsin 0}^{\arcsin b} \frac{1}{\sqrt{1-\sin^2 t}} \cos t \, dt$$

$$= \lim_{b \nearrow 1} \int\limits_0^{\arcsin b} \frac{1}{\cos t} \cos t \, dt$$

$$= \lim_{b \nearrow 1} t \Big|_0^{\arcsin b}$$

$$= \lim_{b \nearrow 1} \arcsin b$$

$$= \frac{\pi}{2}$$

Bei der vierten Aufgabe zerlegen wir den Integrationsbereich in zwei Teile $]-\infty, 0]$ und $[0, \infty[$, wobei die Teilung bei 0 willkürlich ist.

$$\int\limits_{-\infty}^{\infty} \frac{1}{1+x^2} \, dx = \lim_{a \searrow -\infty} \int\limits_a^0 \frac{1}{1+x^2} \, dx + \lim_{b \nearrow \infty} \int\limits_0^b \frac{1}{1+x^2} \, dx$$

$$= \lim_{a \searrow -\infty} \arctan x \Big|_a^0 + \lim_{b \nearrow \infty} \arctan x \Big|_0^b$$

$$= \lim_{a \searrow -\infty} (\arctan 0 - \arctan a) + \lim_{b \nearrow \infty} (\arctan b - \arctan 0)$$

$$= 0 - \left(-\frac{\pi}{2}\right) + \frac{\pi}{2} - 0$$

$$= \pi \; .$$

Ausblick: Fourierreihen

13

ÜBERBLICK

Motivation

>> Durch die Taylorreihe können wir zahlreiche Funktionen darstellen bzw. durch das Taylorpolynom approximieren. Sind die Funktionen periodisch – wir denken hier an Schwingungsprozesse –, so geht dies durch ein sogenanntes *trigonometrisches Polynom* noch besser, denn ein solches wird aus den periodischen Funktionen Sinus und Kosinus zusammengesetzt, die wir bereits gut kennen.

Die Idee der Überlagerung von endlich vielen Schwingungen zu einem Polynom ist gut, es kann aber auch anders kommen. So erfordert z. B. die mathematische Beschreibung eines „Knalls" die Modellierung eines Schwingungsphänomens, welches nicht durch die Überlagerung von nur „einigen wenigen" Schwingungen möglich ist; durch unendlich viele wohl eher.

Dies wird dann ähnlich wie bei der Taylorreihe durch den Übergang vom (nun trigonometrischen) Polynom zur sogenannten *Fourierreihe* bewerkstelligt, die dann Sinus- und Kosinusfunktionen unendlich vieler Frequenzen als Summanden enthält.

Wie dies genau zu geschehen hat, lernen wir in diesem Kapitel. Die Grundlagen verdanken wir Jean Baptiste Joseph Fourier (1768–1830), dessen Name sogar (mit 71 anderen) auf dem Eiffelturm in Paris verewigt ist, um seine Leistungen zu würdigen.

Wir möchten noch bemerken, dass die sogenannte Fourieranalyse und -synthese in den mathematisch geprägten Wissenschaften sehr bedeutsam ist, wir denken dabei u. a. an die Signalverarbeitung. Daher müssten wir für ein tieferes Verständnis eine große Menge an zusätzlichem Stoff behandeln, für den uns an dieser Stelle nicht der richtige Platz zu sein scheint. Daher machen wir gleich hier deutlich, dass wir wirklich nur die elementaren Dinge zu Fourierreihen behandeln und so einen ersten Einblick geben. Allerdings wollen wir die Gelegenheit nutzen, am Ende etwas über diesen fortgeschrittenen Teil der Analysis einer Variablen zu erwähnen, denn hier fließen einige Begriffe in schöner Art und Weise zusammen, die wir zuvor gelernt haben. Es ist aber wirklich nur ein Ausblick, weshalb wir hier auch auf Aufgaben verzichtet haben. <<

13.1 Grundlagen zu Fourierreihen

Wir erinnern uns: Eine Funktion $f\colon \mathbb{R} \to \mathbb{R}$ heißt periodisch mit der Periode p oder auch kurz p-*periodisch*, wenn stets $f(x + p) = f(x)$ gilt.

Definition: Fourierreihe, Fourier-Koeffizienten

Ist f eine 2π-periodische Funktion, betrachten wir

$$f \sim \frac{a_0}{2} + \sum_{k=1}^{\infty} (a_k \cos(kx) + b_k \sin(kx)) \,.$$

Die rechte Seite ist die f zugeordnete *Fourierreihe* mit den *Fourier-Koeffizienten* a_k und b_k:

$$a_k := \frac{1}{\pi} \int_{-\pi}^{\pi} f(x) \cos(kx)\,dx \quad \text{und} \quad b_k := \frac{1}{\pi} \int_{-\pi}^{\pi} f(x) \sin(kx)\,dx \,.$$

Bemerkung

■ Mit dem obigen Ausdruck $f \sim \dots$ meinen wir, dass der Funktion die Fourierreihe zugeordnet ist, und nicht, dass diese gleich der Funktion ist. Dazu gleich mehr.

■ Bei der Berechnung der Fourier-Koeffizienten kann auch über jedes andere Intervall der Länge 2π integriert werden, weil f ja 2π-periodisch ist. Ferner können auch allgemein p-periodische Funktionen betrachtet werden.

■

Um sich unnötige Rechnungen zu ersparen, sollten Sie folgende Punkte beachten:

■ Ist f gerade, gilt also $f(x) = f(-x)$, so sind alle $b_k = 0$ und die a_k können alternativ durch

$$a_k = \frac{2}{\pi} \int_{0}^{\pi} f(x) \cos(kx)\,dx$$

berechnet werden.

■ Ist f ungerade, gilt also $f(x) = -f(-x)$, so sind alle $a_k = 0$ und die b_k können alternativ durch

$$b_k = \frac{2}{\pi} \int_{0}^{\pi} f(x) \sin(kx)\,dx$$

berechnet werden.

Dies zu beweisen wollen wir hier unterlassen, es ist aber nicht schwer, dies in Eigenarbeit zu machen. Bitte versuchen Sie es als Übung.

Mit einem Beispiel wollen wir die Vorgehensweise verdeutlichen, denn auf den ersten Blick erscheint die obige Definition sicher nicht ganz einfach.

Beispiel

Sei die Funktion f auf dem Intervall $]-\pi,\pi]$ durch $f(x) := x$ definiert und auf ganz $\mathbb{R}$ 2π-periodisch fortgesetzt. Es ergibt sich die sogenannte „Sägezahnfunktion". Den Namen hat die Funktion von ihrem gezackten Funktionsgraphen, den Sie weiter unten zusammen mit der Approximation durch die Fourierreihe finden.

f ist ungerade, weshalb alle $a_k = 0$ sind. Weiterhin gilt mit partieller Integration

$$b_k = \frac{2}{\pi} \int_0^\pi x \sin(kx)\,dx$$

$$= \frac{2}{\pi} \left(x \cdot \frac{-\cos(kx)}{k} \bigg|_0^\pi - \int_0^\pi 1 \cdot \frac{-\cos(kx)}{k}\,dx \right)$$

$$= \frac{-2}{k\pi} \left(x\cos(kx) - \frac{\sin(kx)}{k} \right)\bigg|_0^\pi$$

$$= \frac{-2}{k\pi} \pi \cos(k\pi)$$

$$= \frac{2}{k}(-1)^{k+1} \ .$$

Die Fourierreihe von f lautet demnach

$$f \sim \sum_{k=1}^\infty b_k \sin(kx) = \sum_{k=1}^\infty \frac{2}{k}(-1)^{k+1} \sin(kx) \ .$$

Die hier behandelte Funktion bekommen Sie in physikalischen Übungen recht häufig auf dem Oszilloskop präsentiert, die Fourierreihe bietet Ihnen dann eine schöne mathematische Darstellung.

Es stellt sich die Frage, was die Fourierreihe eigentlich mit der Funktion zu schaffen hat, für die wir diese bilden? Darüber gibt der nächste Satz Auskunft (den wir nicht beweisen wollen, es wäre wohl etwas viel an dieser Stelle).

> **Satz**
>
> Ist die Funktion f stetig differenzierbar, so konvergiert die Fourierreihe in jedem Punkt gegen den entsprechenden Funktionswert von f, es ist also
>
> $$f(x) = \frac{a_0}{2} + \sum_{k=1}^{\infty} (a_k \cos(kx) + b_k \sin(kx)) \, .$$
>
> Ist f stückweise stetig differenzierbar, so konvergiert die Fourierreihe gegen
>
> $$\frac{1}{2} \left(\lim_{a \nearrow x} f(a) + \lim_{a \searrow x} f(a) \right) \, .$$
>
> An den Stetigkeitspunkten von f ist dies gleich dem Funktionswert von f, somit gilt dort wieder
>
> $$f(x) = \frac{a_0}{2} + \sum_{k=1}^{\infty} (a_k \cos(kx) + b_k \sin(kx)) \, .$$
>
> Nur in Unstetigkeitspunkten von f entscheidet sich die Fourierreihe diplomatisch für den Mittelwert des rechts- und linksseitigen Grenzwertes.

Die Funktion des letzten Beispiels und ihr sogenanntes Fourierpolynom werden wir gleich bildlich darstellen. Das Fourierpolynom ist gerade der Abschnitt der Fourierreihe bis zum Summanden der Ordnung n, also analog zum Taylorpolynom. Wir haben hier verschiedene Ordnungen aufgeführt. Dadurch wird deutlich, wie die Approximation immer besser wird (die vertikalen Linien verdeutlichen nur die Wortwahl für die Sägezahnfunktion, gehören aber selbstverständlich nicht zur Funktion selbst).

13.2 Komplexe Darstellung der Fourierreihe

Wir haben bereits mit der Eulerformel gelernt, dass es einen direkten Zusammenhang zwischen der komplexen Exponentialfunktion und den trigonometrischen Funktionen Sinus und Kosinus gibt. Daher muss sich der entsprechende Ausdruck in der Fourierreihe auch entsprechend darstellen lassen, was der Fall ist:

$$f \sim \sum_{n=-\infty}^{\infty} c_n e^{ikx} \, .$$

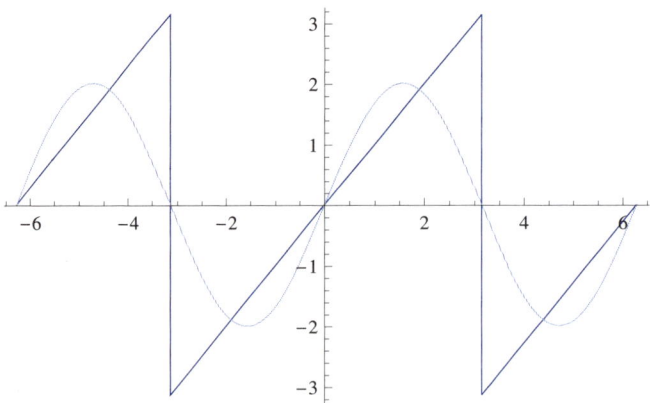

Abbildung 13.1: Ordnung 1

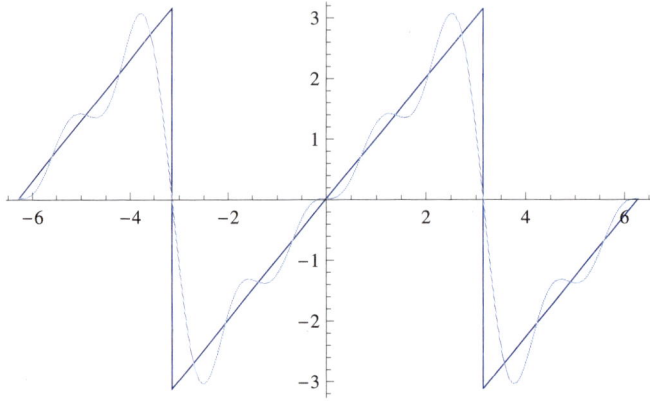

Abbildung 13.2: Ordnung 4

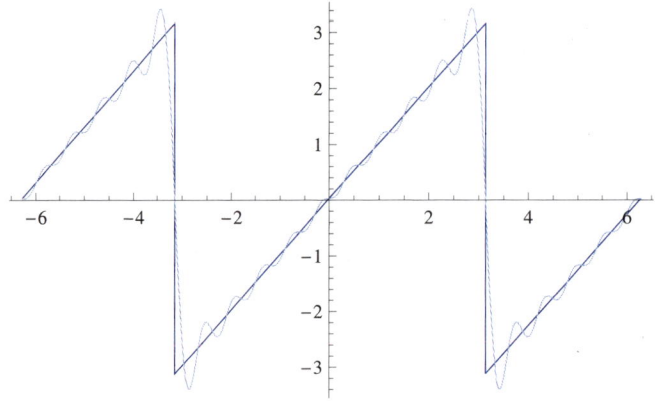

Abbildung 13.3: Ordnung 10

Dabei sind die komplexen Fourier-Koeffizienten durch

$$c_k = \frac{1}{2\pi} \int\limits_{-\pi}^{\pi} f(x) e^{-ikx} dx$$

gegeben. Die Berechnung ist in vielen Fällen einfacher, denn

- die Exponentialfunktion ist leicht zu integrieren,

- wir haben es nur mit einer Koeffizientenart c_k zu tun und nicht mit a_k und b_k.

Der Zusammenhang zwischen der reellen und der komplexen Darstellung ist wie folgt:

$$c_k = \frac{(a_{-k} + ib_{-k})}{2} \quad (k < 0)$$
$$c_0 = \frac{a_0}{2}$$
$$c_k = \frac{(a_k - ib_k)}{2} \quad (k > 0)$$

bzw.

$$a_0 = 2 \cdot c_0$$
$$a_k = c_k + c_{-k}$$
$$b_k = i(c_k - c_{-k}) \, .$$

Hiermit entlassen wir Sie thematisch in die Ferien bzw. in die folgenden Semester. Dort werden Sie dann mehr über die Fourieranalyse lernen, aber auch darüber, wie sich der Inhalt dieses Buches auf mehrere Dimensionen verallgemeinern lässt. Viel Freude auf Ihren neuen Reisen.

Einige Fragen

- Was ist die gemeinsame Idee für Taylor- und Fourierreihen?

- Wann verwenden Sie Fourierreihen?

- Wie lautet die Definition der (komplexen) Fourierreihe?

- Wann entspricht die Fourierreihe der Ausgangsfunktion?

- Was ist bei der Berechnung von ungeraden Funktionen zu beachten?

Vom Umgang mit Prüfungen

Ein Erste-Hilfe-Kurs zur optimalen Prüfungsvorbereitung

14

Irgendwann im Laufe eines Semesters schwindet die Freude am Studentenleben und Prüfungen stehen vor der Tür, sei es als Klausur oder als mündliche Prüfung. An vielen Institutionen ist es insbesondere bei den Ingenieuren so, dass zuerst einmal Klausuren geschrieben werden. Wenn Sie dort – hinreichend oft – durchgefallen sind, steht dann meist als letzte Chance eine mündliche Prüfung an. Nachstehend wollen wir darauf eingehen, was Sie machen können, um auch nach der Prüfung, und sei es auch die letzte Chance gewesen, mit einem entspannten Lächeln durch die Gegend zu laufen.

Bitte lesen Sie diesen Abschnitt genau, denn wir haben die Erfahrung aus hunderten mündlicher Prüfungen aller Art, durch unsere Klausuren wurden bereits mehrere tausend Studenten geprüft und studiert haben wir ja auch. Wir wissen also, worauf es ankommt und wo die vermeintlichen Fallen sind. Nun genug der strengen Worte, aber unsere Erfahrung zeigt, dass zu viele gute Ratschläge gerne überhört werden, was dann oft zu großer Frustration – oder gar einer Zwangsbeendigung des Studiums – führt, was wir Ihnen sehr gerne ersparen möchten.
Der grundlegende Tipp lautet:
Bereiten Sie sich ordentlich und gewissenhaft vor! Das klingt vielleicht banal und hat sich im Laufe vieler Studentenleben sicher etwas abgenutzt, wird aber tatsächlich gerne übersehen. Es gibt sehr viele Studenten, die als Löwe mit wenig Vorbereitung (aber viel Selbstvertrauen) in die Prüfung gehen und dann als Maus um eine letzte Chance bitten ...

Sie sind selbst in der Lage zu erkennen, ob Sie gut vorbereitet sind! Dazu können Sie sich folgende Fragen stellen:

- Habe ich die Hausaufgaben so gut wie möglich eigenständig gelöst?

- Habe ich Skript und Vorlesungsmitschrift, wenn ja, nur in der Tasche oder aktiv damit gearbeitet?

- Habe ich alte Klausuren aus vorherigen Kursen und Beispielaufgaben zur Vorbereitung gelöst?

- Kann ich Verständnisfragen beantworten (die in einigen Klausuren in einem gesonderten Teil abgefragt werden)?

- Kenne ich die Modalitäten für die Prüfung (wie lange wird geschrieben; welche Hilfsmittel dürfen verwendet werden; wie kann ich mich gefahrlos abmelden, wenn ich merke, es nicht zu schaffen oder krank werde; kann die Prüfung unterbrochen werden, wenn ich nach fünf Minuten merke, dass ich trotz meiner Kenntnisse einen Blackout habe ...)?

- Habe ich mich vorschriftsgemäß für die Prüfung angemeldet (Sie glauben gar nicht, wie viele Studenten eine Prüfung einfach so verbummeln. Und Prüfungsämter sind meist nicht der nette Kumpel, der es Sonderregelungen regnen lässt)?

Natürlich, es gibt Prüfungen und Prüfer, die einem gar nicht liegen. So what? Dann nochmal. *Fallen ist keine Schande, aber Liegenbleiben.* Die größte Verantwortung liegt bei Ihnen. Lassen Sie sich von (wenn möglich guten) anderen Studenten abfragen und verbringen Sie auch gerne in einer Lerngruppe einige Zeit. Und bitte, fragen Sie die für Ihren Kurs Verantwortlichen aus. Diese haben immer eine Sprechstunde, die ein einzigartiges Angebot für eine Art Gratisfragestunde ist.

Welcher Prüfer?

Wir betonen: Sie können grundsätzlich davon ausgehen, dass alle Prüfer fair und objektiv sind, das Ergebnis also von Ihnen abhängt. Ja, wir wissen, dass es auch unter uns ein paar schwarze – oder zumindest dunkler erscheinende – Schafe gibt. Wenn Sie eine Klausur schreiben müssen, dann haben Sie zumeist keine Wahl, denn der Chef der Veranstaltung ist für die Klausur verantwortlich. U. a. aus Zeitgründen macht es meist wenig Sinn, einfach ein Semester zu warten, bis ein anderer Chef die Klausur stellt, der könnte Ihnen dann am Ende auch gar nicht liegen ... Bei mündlichen Prüfungen ist das anders, da stehen meist mehrere Prüfer zur Verfügung. Dort ist dann gewöhnlich auch ein Beisitzer dabei, der u. a. die abgefragten Themen protokolliert, um eine gewisse Nachvollziehbarkeit der Prüfung zu gewährleisten. *Niemand, der ordentlich vorbereitet ist, wird durchfallen, auch wenn die studentische Gerüchteküche so etwas behaupten mag.*

Wählen Sie *so früh wie möglich* einen Prüfer aus und gehen Sie in seine Sprechstunde. Achten Sie darauf, ob Sie mit dem Prüfer gut und ungezwungen ins Gespräch kommen (z. B. über den Ablauf der Prüfung) oder ob seine Art die sowieso schon vorhandene Aufgeregtheit in der Prüfung noch verstärken würde.

Die Vorbereitung

Grundlegende Regeln haben wir bereits oben genannt und gehen daher nochmals gesondert auf den Fall ein, dass Sie ihre letzte Chance wahrnehmen müssen.

Nachdem Sie durch die entsprechenden Prüfungsklausuren gefallen sind, gibt Ihnen die mündliche Prüfung nun die Möglichkeit zu zeigen, dass Sie den Stoff doch beherrschen. Fallen Sie auch durch dieses Netz, so ist im Regelfall jeglicher Hochschulstudiengang mit ähnlichen (oder höheren) Mathematikansprüchen in Deutschland verwehrt. Wollen Sie in Ihrem Studiengang bleiben, machen Sie sich bewusst, dass Sie diese Herausforderung meistern müssen, und nehmen dies als Motivation, zu lernen wie noch nie zuvor.

Eine mündliche Prüfung ist üblicherweise theoretischer als eine Klausur. *Lernen Sie nach dem Skript und der Vorlesungsmitschrift*, rechnen Sie die Hausaufgaben noch einmal durch. Je sicherer Sie in dem Prüfungsstoff sind, desto weniger nervös werden Sie später in der Prüfung sein. Im Unterschied zu Klausuren wird neben dem *Rechnen* auch viel Wert auf die Formulierung von *Definitionen* und *Sätzen* sowie auf deren *Anschauung* gelegt.

Nochmals: Gehen Sie oft (und nicht erst in der letzten Woche vor der Prüfung) in die Sprechstunde(n), um Fragen und Verständnisprobleme zu klären. Das hat viele Vorteile:

- Der Prüfer sieht, dass Sie sich Mühe bei der Vorbereitung geben;

- Sie bekommen ein Gefühl dafür, was dem Prüfer wichtig ist;

- die Scheu, mit dem Prüfer zu reden, wird beseitigt.

Wenn es zu der Veranstaltung einen Assistenten gibt, kann dieser mit Ihnen in seiner Sprechstunde sicher gerne eine Prüfung simulieren.

Lassen Sie sich dann in ähnlichem Stil von (mathematisch) fähigen Studenten abfragen. Wählen Sie dafür jemanden, der selbst in dem Thema sicher ist und mit dem die notwendige Disziplin (*nicht* auf die nächste Party zu gehen oder bei einem Bier über den Sinn des Lebens zu philosophieren) aufrecht erhalten werden kann.

Prüfungsangst?!

Klausuren und mündliche Prüfungen gelten an der Universität und Fachhochschule als eine etablierte Methode der Leistungsermittlung, mit denen jeder Studierende früher oder später konfrontiert wird. Bei vielen Studierenden steigt jedoch die Anspannung in oder vor der Prüfung derart, dass die in der Prüfung erbrachten Leistungen entscheidend verschlechtert werden oder sogar die Prüfung abgebrochen werden muss. Diese Prüfungsangst sollte daher nicht auf die leichte Schulter genommen werden. Gerade wenn es sich bei der bevorstehenden Prüfung um den letzten Versuch handelt, ist der Druck besonders hoch.

Also ganz wichtig: Wenn Sie Probleme mit Prüfungsangst haben, dann lassen Sie sich vorher gut beraten. Eigentlich haben alle Universitäten und Fachhochschulen einen psychologischen Dienst. Dort sind Profis, die Antworten haben. Scheuen Sie sich nicht davor, diese zu konsultieren. Es gibt leider zu viele, die behandelbare Ängste haben, es sich aber zu spät eingestehen oder gar ganz ignorieren. Es wäre mehr als schlimm, wenn Ihr Studium und ein Teil Ihrer Zukunft daran scheiterte, dass Sie sich nicht helfen lassen!

Zur schriftlichen Prüfung

Hier ist es ganz wichtig, dass Sie sich die Aufgaben genau ansehen. Es zwingt Sie keiner dazu (und Sie sollten das selbst auch nicht machen), mit der ersten Aufgabe zu beginnen und dann alle ihrer Nummer nach zu lösen. Daher bitte erst eine Aufgabe nehmen, die Ihnen gut liegt. Dann ist die erste Aufregung weg und was Ihnen vorher unlösbar schien, ist dann meist nicht mehr so dramatisch.

Die Lösungen einiger Aufgaben leben davon, dass Sie wirklich exakt lesen, was eigentlich gefordert wird, manchmal verbergen sich gar kleine Tipps in den Aufgabenstellungen.

Es mag aber auch immer mal eine Aufgabe geben, die Sie nicht lösen können. Das ist *kein* Drama. Nutzen Sie die Zeit dann besser zur Perfektionierung der Lösungen zu den anderen Aufgaben. Wenn am Ende noch Zeit verbleibt, geben Sie nicht vor dem eigentlichen Ende ab. Überprüfen Sie lieber Ihre Rechnungen, denn auch flüchtige Fehler werden mit einem kleinen Punktabzug bestraft, was sich durchaus summieren kann.

Bereiten Sie sich vor, indem Sie bereits zur Klausur ausreichend Papier mitbringen, auf dem Name und Matrikelnummer stehen oder was sonst noch wichtig sein mag, wie z. B. der Dozent und Kurs. Das Versehen der Seiten mit einer Nummer macht Ihnen und den Korrektoren die Orientierung leichter. Alles das trägt dazu bei, dass Sie die Klausur ruhiger und strukturierter angehen können. Wie oft ist es uns schon passiert, dass ein Student am nächsten Tag mit einem Blatt kam, das er aus einem Versehen heraus nicht abgegeben hat. Es gab sicher Fälle, in denen das die Wahrheit war. Bewerten lässt sich das aber dennoch nicht. Solche Fälle gilt es zu verhindern. Und noch eine Bitte: Schreiben Sie so ordentlich wie möglich, denn hier kommt Psychologie ins Spiel! Stellen Sie sich dazu vor, dass Sie bereits acht Stunden in einem Raum mit vielen anderen gesessen haben, auf einem unbequemen Holzstuhl und dann ein gewaltiges Geschmiere vor sich haben. Möchten Sie dann darin noch nach guten Ideen suchen, wenn Sie nicht mal die Schrift anständig lesen können?

Nach der Korrektur gibt es gewöhnlich eine Einsicht in die Klausur. Bitte zählen Sie hier die vergebenen Punkte und schauen Sie nach, ob wirklich alles korrigiert wurde! Es kommt nicht so selten vor, dass im Gefecht langer Korrektursessions einzelne kleine Teile – auch wegen des miesen Schriftbildes – übersehen werden.

Und wenn es dann am Ende nicht geklappt hat? Seien Sie ehrlich zu sich. Wenn von 40 Punkten 20 zum Bestehen erreicht werden müssen und Sie 19 haben, so fehlt Ihnen – um unseren lieben Kollegen Paul Peters zu zitieren – genau genommen nicht ein Punkt, sondern es fehlen eigentlich 21. Klingt komisch (oder gar gemein), ist aber so, nur anders betrachtet. Dann nicht verzagen, beim nächsten Versuch sind Sie dann hoffentlich genug gewarnt und schaffen es!

Zur mündlichen Prüfung

Eine mündliche Prüfung findet gewöhnlich im Büro des Prüfers statt. Zugegen ist neben Prüfling und Prüfer meist noch ein Beisitzer, welcher as Protokoll führt. Eine gewisse Nervosität kann wahrscheinlich niemand vermeiden, doch falls die Panik derart groß sein sollte, dass Sie sich zur Prüfung außerstande fühlen, sollten Sie dies dem Prüfer zu Beginn mitteilen; dann kann die Prüfung verlegt werden. (In solchen Fällen sollten Sie allerdings den oben stehenden Hinweis über Prüfungsangst beherzigen.)

Die mündliche Prüfung läuft gewöhnlich so ab, dass der Prüfer Ihnen eine Frage zum Thema stellt, die Sie dann auf einem Blatt Papier beantworten können. Bei kleineren Problemen mit der Aufgabe wird er etwas helfen. Bald kommt dann die nächste Frage, oft über ein anderes Thema, um ein breites Gebiet abzudecken. Das geht so lange, bis die Zeit um ist (was subjektiv sehr rasch geht), und dann werden Sie meist gebeten, vor der Tür zu warten, damit Prüfer und Beisitzer die Note festlegen können. Diese wird Ihnen dann mit einer kleinen Begründung mitgeteilt und dann ist alles (hoffentlich gut) überstanden.

Einige Prüfer überlassen Ihnen auch die Wahl des Einstiegsthemas. Es ist also sinnvoll, vorher zu überlegen, welches Thema Ihnen liegt. Versuchen Sie nicht, mit einem schwierigen Einstiegsthema Eindruck zu schinden, welches Sie doch nicht gut können. Wählen Sie immer ein Kapitel, welches Sie souverän beherrschen.

Die mündliche Prüfung ist keine Klausur; Sie sind der Aufgabenstellung nicht hilflos ausgeliefert, sondern können (und sollten) es dem Prüfer sagen, wenn Sie einen Teil der Aufgabe nicht verstehen oder lösen können.

Außerdem herrscht nicht ein solcher Zeitdruck wie in einer Klausur, also hetzen Sie nicht.

Wichtig ist, dass Sie dem Prüfer Feedback liefern, also lassen Sie ihn an Ihren Überlegungen teilhaben. So kann er Ihnen helfen, falls Sie auf dem Holzweg sind.

Haben Sie zu einer gestellten Aufgabe gar keinen Plan, geben Sie dies nicht erst nach zehnminütigem Herumraten zu. So bleibt Zeit, um Ihr Wissen auf anderen Gebieten zu demonstrieren.

Probeklausuren

15

ÜBERBLICK

Zu einer guten Klausurvorbereitung gehört auch, ein Zeitgefühl für das Bearbeiten unterschiedlicher mathematischer Aufgaben zu entwickeln sowie zu wissen, welche Themengebiete einem liegen und welche nicht. Klausuren sind meistens zeitlich knapp konzipiert. Außerdem wird es einige Aufgaben geben, die Ihnen schnell von der Hand gehen, und einige, bei denen Sie anfangs noch keine Lösungsidee haben. Daher ist es klug, sich zu Beginn alle Aufgaben kurz durchzulesen und eine Bearbeitungsreihenfolge zu überlegen. Die leichten Aufgaben sollten Sie als Erstes erledigen und auf diese Art Punkte sammeln. Die „harten Nüsse" heben Sie sich hingegen für den Schluss auf. Dieses Verfahren hilft meist bei Blockaden und bringt erstmal einige Punkte auf Ihr Konto, was beruhigt.

Im Folgenden bieten wir Ihnen drei Probeklausuren, an denen Sie neben Ihren Rechenkünsten auch diese strategische Vorgehensweise üben können. Die beiden ersten Klausuren sind für 90 Minuten konzipiert, die dritte für 120 Minuten. Nach dem Bearbeiten der Klausuren können Sie Ihre Lösungen mit unseren vergleichen. Aber nicht vorher spicken! Dies verfälscht das wirkliche Resultat. Die Punktevergabe ist in den Lösungen aufgeführt. Ein P kennzeichnet einen Punkt für den entsprechenden Rechenschritt. Zum „Bestehen" der jeweiligen Probeklausur sollten Sie mindestens die Hälfte der Punkte erreichen, anstreben sollten Sie natürlich die volle Punktzahl. Bitte deuten Sie eine bestandene Probeklausur nicht als Zeichen, genug gelernt zu haben, denn die Klausuren decken nicht sämtliche Themen des Buches ab, so ist es dann auch in der Realität üblich. Nutzen Sie sie besser als Hilfsmittel, eine effiziente Bearbeitungsmethode zu entwickeln.

 Auf der CWS finden Sie weitere Aufgaben und Lösungen.

15.1 Klausur 1

15.1.1 Aufgaben

1. (3 Punkte) Vereinfachen Sie folgende Terme bis zur Form $a + bi$:

$$(3 + 4i)(1 - i) , \quad i^3 + i^2 + i + 1 , \quad \frac{i + 1}{2 + i} .$$

2. (2 Punkte) Berechnen Sie alle (reellen und komplexen) Nullstellen von

$$P(x) := x^3 - x^2 + x - 1 .$$

3. (3 Punkte) Bestimmen Sie $\lim\limits_{x \to \infty} (\ln x - \ln(x + a))$ für beliebige $a \in \mathbb{R}$.

4. (3 Punkte) Berechnen Sie den Wert der Reihe

$$\sum_{k=1}^{\infty} \frac{1}{k(k + 1)}$$

über ihre Partialsummen.

Hinweis: Ein hilfreicher Trick ist, die Summanden wie bei der Partialbruchzerlegung in mehrere Brüche zu zerlegen.

5. (5 Punkte) Zeigen Sie ohne Berechnung von Grenzwerten, dass die Funktion

$$f(x) := \frac{x^3 + 2x^2 - 5x - 6}{-x^2 - x + 6}$$

in den Nullstellen des Nenners stetig ergänzt werden kann, und berechnen Sie die entsprechenden Funktionswerte der stetigen Ergänzung.

6. (6 Punkte) Setzen Sie die Funktion

$$f(x) := \frac{x}{e^x - 1}$$

mithilfe des Satzes von l'Hospital in $x_0 := 0$ stetig fort und berechnen Sie die Ableitung der fortgesetzten Funktion in x_0.

7. (5 Punkte) Untersuchen Sie die reelle Potenzreihe

$$\sum_{k=0}^{\infty} \frac{(x + 3)^k}{k^2}$$

auf Konvergenz.

8. (3 Punkte) Berechnen Sie, wenn möglich,

$$\int_0^1 \frac{1}{x^2} \sin \frac{1}{x} dx .$$

15.1.2 Lösungen

1.

$$(3 + 4i)(1 - i) = 3 - 3i + 4i - 4i^2 = 3 - 3i + 4i + 4 \overset{\text{P}}{=} 7 + i \,,$$

$$i^3 + i^2 + i + 1 = -i - 1 + i + 1 \overset{\text{P}}{=} 0 \,,$$

$$\frac{i + 1}{2 + i} = \frac{(i + 1)(2 - i)}{(2 + i)(2 - i)} = \frac{2i - i^2 + 2 - i}{4 - i^2} = \frac{3 + i}{5} \overset{\text{P}}{=} \frac{3}{5} + \frac{1}{5}i \,.$$

2. Der höchste Exponent ist drei, sodass wir die erste Nullstelle erraten müssen. Wir setzen nacheinander leicht zu prüfende Zahlen (0, 1, -1, $\pm i$ und ± 2) in das Polynom ein, bis wir die erste Nullstelle gefunden haben:

$$P(0) = 0^3 - 0^2 + 0 - 1 = -1$$

$$P(1) = 1^3 - 1^2 + 1 - 1 \overset{\text{P}}{=} 0 \,.$$

Somit ist 1 eine Nullstelle von P. Polynomdivision von P durch $(x - 1)$ ergibt:

$$(x^3 - x^2 + x - 1) : (x - 1) = x^2 + 1$$
$$\underline{-(x^3 - x^2)}$$
$$x - 1$$
$$\underline{-(x - 1)}$$
$$0 \,.$$

Auf das Ergebnis wenden wir die p-q-Formel (mit $p = 0$, $q = 1$) an:

$$x^2 + 1 = 0 \quad \Leftrightarrow \quad x_{1,2} = 0 \pm \sqrt{0 - 1} \overset{\text{P}}{=} \pm i \,.$$

Damit sind 1, i und $-i$ die Nullstellen von P.

3. Wir formen um, sodass wir den Grenzwert besser bilden können:

$$\ln x - \ln(x + a) \overset{\text{P}}{=} \ln\left(\frac{x}{x + a}\right) = \ln\left(1 - \frac{a}{x + a}\right) \,.$$

Somit ist

$$\lim_{x \to \infty} (\ln x - \ln(x + a)) \overset{\text{P}}{=} \ln\left(1 - \lim_{x \to \infty} \frac{a}{x + a}\right) = \ln 1 \overset{\text{P}}{=} 0 \,.$$

4. Zunächst die im Hinweis erwähnte Partialbruchzerlegung der Summanden:

$$\frac{1}{k(k + 1)} \overset{\text{P}}{=} \frac{1}{k} - \frac{1}{k + 1} \,.$$

Eingesetzt, werden aus den Partialsummen Teleskopsummen:

$$\sum_{k=1}^{n} \frac{1}{k(k + 1)} = \sum_{k=1}^{n} \left(\frac{1}{k} - \frac{1}{k + 1}\right) = \frac{1}{1} - \frac{1}{n + 1} \overset{\text{P}}{=} \frac{n}{n + 1} \,.$$

Der Wert der Reihe ist schließlich der Grenzwert der Partialsummen:

$$\sum_{k=1}^{\infty} \frac{1}{k(k + 1)} = \lim_{n \to \infty} \sum_{k=1}^{n} \frac{1}{k(k + 1)} = \lim_{n \to \infty} \frac{n}{n + 1} \overset{\text{P}}{=} 1 \,.$$

5. Die Nullstellen des Nenners sind $x_1 = -3$ und $x_2 = 2$:

$$-x^2 - x + 6 = 0 \quad \Leftrightarrow \quad x_{1,2} = -\frac{1}{2} \pm \sqrt{\frac{1}{4} + 6} = -\frac{1}{2} \pm \sqrt{\frac{25}{4}} \overset{P}{=} -\frac{1}{2} \pm \frac{5}{2}.$$

Setzen wir diese in den Zähler ein

$$x^3 + 2x^2 - 5x - 6\Big|_{x=-3} = 0, \quad x^3 + 2x^2 - 5x - 6\Big|_{x=2} = 0, \quad \text{(P)}$$

so sehen wir, dass es auch Nullstellen des Zählers sind. Eine Polynomdivision wird also ohne Rest möglich sein und ein Polynom $P(x)$ ergeben.

Damit stimmt $f(x)$ in allen Punkten seines Definitionsbereiches mit einem Polynom $P(x)$ überein. Da Polynome auf ganz $\mathbb{R}$ stetig sind, können wir somit auch den Bruch in x_1 und x_2 stetig ergänzen, indem wir $f(x_1) := P(x_1)$ und $f(x_2) := P(x_2)$ definieren.

Es ist

$$P(x) = \left(x^3 + 2x^2 - 5x - 6\right) : \left(-x^2 - x + 6\right) \overset{P}{=} -x - 1,$$

also $f(x_1) = -x_1 - 1 \overset{P}{=} 2$ und $f(x_2) = -x_2 - 1 \overset{P}{=} -3$.

6. Für die stetige Fortsetzung berechnen wir den Grenzwert $\lim\limits_{x \to x_0} f(x)$:

$$\lim_{x \to 0} \frac{x}{e^x - 1} \overset{l'H}{=} \lim_{x \to 0} \frac{1}{e^x} = \frac{1}{1} = 1. \quad \text{(P)}$$

Somit kann f in $x_0 = 0$ durch 1 stetig fortgesetzt werden. Die fortgesetzte Funktion lautet also:

$$\tilde{f}(x) \overset{P}{:=} \begin{cases} f(x) & x \neq x_0 \\ 1 & x = x_0 \end{cases}.$$

Nun zur Ableitung von $\tilde{f}$ in x_0. Hier müssen wir gleich zweimal hintereinander l'Hospital anwenden:

$$\tilde{f}(0) = \lim_{h \to 0} \frac{\tilde{f}(x_0 + h) - \tilde{f}(x_0)}{h} \overset{P}{=} \lim_{h \to 0} \frac{\frac{h}{e^h - 1} - 1}{h}$$

$$= \lim_{h \to 0} \frac{h - e^h + 1}{h(e^h - 1)}$$

$$\overset{l'H}{=} \lim_{h \to 0} \frac{1 - e^h}{e^h - 1 + he^h} \quad \text{(P)}$$

$$\overset{l'H}{=} \lim_{h \to 0} \frac{-e^h}{2e^h + he^h} \quad \text{(P)}$$

$$\overset{P}{=} \frac{-1}{2}.$$

7. Der Entwicklungspunkt von $\sum_{k=0}^{\infty} \frac{(x+3)^k}{k^2}$ ist $x_0 \overset{P}{=} -3$ und $a_k = \frac{1}{k^2}$, sodass sich ein Konvergenzradius von

$$R = \lim_{k\to\infty} \frac{|a_k|}{|a_{k+1}|} = \lim_{k\to\infty} \frac{(k+1)^2}{k^2} = \lim_{k\to\infty} \frac{k^2+2k+1}{k^2} = 1 \qquad (P)$$

ergibt. Die Potenzreihe konvergiert also schon mal im Intervall $]-4,-2[$ absolut und divergiert außerhalb auf $]-\infty, -4[\,\cup\,]-2, \infty[$ (P). Die Randpunkte $x = -4$ und $x = -2$ müssen wir extra untersuchen: Eingesetzt ergeben sich die Reihen

$$\sum_{k=0}^{\infty} \frac{((-4)+3)^k}{k^2} = \sum_{k=0}^{\infty} \frac{(-1)^k}{k^2}$$

und

$$\sum_{k=0}^{\infty} \frac{((-2)+3)^k}{k^2} = \sum_{k=0}^{\infty} \frac{(+1)^k}{k^2} = \sum_{k=0}^{\infty} \frac{1}{k^2} ,$$

die beide absolut konvergieren (P). Somit ist die Potenzreihe auf dem abgeschlossenen Intervall $[-4, -2]$ absolut konvergent (P).

8. Wir beginnen mit der Substitution: $y := \frac{1}{x}$, $dy = -\frac{1}{x^2}dx$, $dx = -\frac{1}{y^2}dy$:

$$\int_0^1 \frac{1}{x^2} \sin\frac{1}{x}dx \overset{P}{=} \int_{\infty}^1 -\frac{1}{y^2}y^2 \sin y \, dy$$

$$= \int_1^{\infty} \sin y \, dy .$$

(Hier sehen wir, dass es sich in Wirklichkeit um ein uneigentliches Integral handelt.)

$$\overset{P}{=} \lim_{a\to\infty} \int_1^a \sin y \, dy$$

$$= \lim_{a\to\infty} (-\cos y|_1^a)$$

$$= \lim_{a\to\infty} (\cos 1 - \cos a) .$$

Da $\lim_{a\to\infty} \cos a$ nicht definiert ist, ist das Integral ebenfalls nicht definiert (P).

15.2 Klausur 2

15.2.1 Aufgaben

1. (4 Punkte) Berechnen Sie alle drei Lösungen von $z^3 = 1 + i$ mithilfe der dritten Einheitswurzeln.

2. (5 Punkte) Führen Sie eine Partialbruchzerlegung folgenden Bruches im Reellen durch:

$$\frac{x^2 - x + 1}{x^3 - x^2 + 2x - 2} .$$

3. (2 Punkte) Schreiben Sie die Teilfolgen (x_{2k}) und (x_{2k+1}) von

$$x_n := \frac{(-1)^k}{k!}$$

in möglichst einfacher Form auf.

4. (2 Punkte) Sind die folgenden Aussagen wahr oder falsch? Begründen Sie die Aussage, wenn sie wahr ist, geben Sie ein Gegenbeispiel an, wenn die Aussage falsch ist.

- „Beliebige Teilfolgen konvergenter Folgen sind wiederum konvergent gegen den gleichen Grenzwert.“

- „Beliebige Teilfolgen divergenter Folgen sind wiederum divergent.“

5. (3 Punkte) Seien $\sum_{k=0}^{\infty} a_k$ absolut konvergent und (b_k) eine Nullfolge. Was lässt sich über die Konvergenz der Reihe

$$\sum_{k=0}^{\infty} a_k b_k$$

aussagen?

6. (2 Punkte) Leiten Sie die Quotientenregel aus der Produktregel her.

7. (3 Punkte) Setzen Sie die Funktion

$$f \colon \mathbb{R}_+ \to \mathbb{R}, \quad f(x) := x \ln x$$

im Punkt $x_0 := 0$ stetig fort. (Es ist $\mathbb{R}_+ := \{x \in \mathbb{R} \mid x > 0\}$.)
Hinweis: Hier hilft Ihnen der Satz von l'Hospital.

8. (3 Punkte) Berechnen Sie die Stammfunktionen von $e^x \cos x$.

15.2.2 Lösungen

1. Die dritten Einheitswurzeln sind

$$a_k = e^{i\frac{2k\pi}{3}} \, , \quad k = 1, \dots, 3 \, . \quad (\text{P})$$

Mit ihrer Hilfe können wir aus einer dritten Wurzel von $1+i$, nennen wir sie b_1, alle weiteren berechnen. Denn mit b_1 erfüllen auch $b_2 := a_1 b_1$ und $b_3 := a_2 b_1$ die zu lösende Gleichung:

$$b_1^3 = 1 + i \quad \Rightarrow \quad b_2^3 = a_1^3 \cdot b_1^3 = 1 \cdot (1 + i) \text{ und } b_3^3 = a_2^3 \cdot b_1^3 = 1 \cdot (1 + i) \, .$$

b_1 müssen wir aber zu Fuß berechnen, am besten über die Polarkoordinaten von $1 + i$.

Der Betrag von $1 + i$ ist $\sqrt{1^2 + 1^2} = \sqrt{2}$, der von b_1 also $r \overset{\text{P}}{=} \sqrt[3]{\sqrt{2}} = \sqrt[6]{2}$. Der Winkel von $1 + i$ ist $45°$, also $\frac{\pi}{4}$, der von b_1 also $\varphi \overset{\text{P}}{=} \frac{1}{3}\frac{\pi}{4} = \frac{\pi}{12}$. Insgesamt ist

$$b_1 = \sqrt[6]{2}e^{i\frac{\pi}{12}} \, , \ b_2 = \sqrt[6]{2}e^{i\frac{2\pi}{3}+i\frac{\pi}{12}} = \sqrt[6]{2}e^{i\frac{3\pi}{4}} \, , \ b_3 = \sqrt[6]{2}e^{i\frac{4\pi}{3}+i\frac{\pi}{12}} = \sqrt[6]{2}e^{i\frac{17\pi}{12}} \, . \quad (\text{P})$$

2. Das Nennerpolynom hat einen höheren Grad als das Zählerpolynom, weshalb wir uns eine anfängliche Polynomdivision sparen und gleich mit der Zerlegung in die Partialbrüche anfangen können. Dazu benötigen wir eine Faktorisierung des Nennerpolynoms. Die Nullstelle $x \overset{\text{P}}{=} 1$ erhalten wir durch Raten. Polynomdivision des Nennerpolynoms durch $(x - 1)$ führt zu

$$x^3 - x^2 + 2x - 2 = (x - 1)(x^2 + 2) \, , \quad (\text{P})$$

wobei der letzte Faktor im Reellen nicht weiter zerlegt werden kann.

Für die Partialbruchzerlegung wählen wir somit den Ansatz

$$\frac{x^2 - x + 1}{x^3 - x^2 + 2x - 2} \overset{\text{P}}{=} \frac{A}{x - 1} + \frac{Bx + C}{x^2 + 2}$$

und rechnen weiter

$$= \frac{A(x^2 + 2)}{(x - 1)(x^2 + 2)} + \frac{(Bx + C)(x - 1)}{(x^2 + 2)(x - 1)}$$

$$= \frac{Ax^2 + 2A + Bx^2 + Cx - Bx - C}{x^3 - x^2 + 2x - 2}$$

$$= \frac{(A + B)x^2 + (C - B)x + (2A - C)}{x^3 - x^2 + 2x - 2} \, .$$

Mittels Koeffizientenvergleich der Zählerpolynome folgt

$$A + B = 1 \, , \quad C - B = -1 \, , \quad 2A - C = 1$$

$$\Rightarrow \quad A = \frac{1}{3} \, , \quad B = \frac{2}{3} \, , \quad C = -\frac{1}{3} \, , \quad (\text{P})$$

womit die Partialbruchzerlegung folgendermaßen aussieht:

$$\frac{x^2 - x + 1}{x^3 - x^2 + 2x - 2} = \frac{1}{3}\left(\frac{1}{x - 1} + \frac{2x - 1}{x^2 + 2}\right) . \quad \text{(P)}$$

3. Es ist

$$x_{2k} = \frac{(-1)^{2k}}{(2k)!} = \frac{1}{(2k)!} \quad \text{(P)}$$

und

$$x_{2k+1} = \frac{(-1)^{2k+1}}{(2k + 1)!} = -\frac{1}{(2k + 1)!} . \quad \text{(P)}$$

4. Für konvergente Folgen gilt definitionsgemäß, dass in jedem noch so kleinen Intervall um den Grenzwert fast alle Folgenglieder (d. h. alle ab einem bestimmten Index) enthalten sind. Diese Eigenschaft überträgt sich auch auf Teilfolgen, womit auch alle Teilfolgen gegen diesen Grenzwert konvergieren. (P)

Bei divergenten Folgen können wir keine pauschalen Aussagen treffen. Teilfolgen von Folgen, die gegen $\pm\infty$ gehen, werden sich ebenso verhalten. Jedoch gibt es auch andere divergente Folgen, beispielsweise $\left((-1)^k\right)$. Von dieser Folge gibt es Teilfolgen, bei denen fast alle Folgenglieder -1 sind und die dementsprechend gegen -1 konvergieren. Ebenso gibt es Teilfolgen mit $+1$ als Grenzwert, aber auch solche, die wiederum divergieren, weil sie sich nicht zwischen -1 und $+1$ entscheiden können wie $\left((-1)^{3k}\right)$. (P)

5. Da (b_k) eine Nullfolge ist, befinden sich sämtliche b_k ab einem bestimmten Index, sagen wir k_0, im Intervall $]-1, +1[$. Anders ausgedrückt, gilt:

$$|b_k| < 1 \quad \text{für alle } k \geq k_0. \quad \text{(P)}$$

Damit ist auch

$$|a_k b_k| < |a_k| \quad \text{für alle } k \geq k_0 \quad \text{(P)}$$

und $\sum_{k=0}^{\infty} |a_k|$ ist eine konvergente Majorante (P) von $\sum_{k=0}^{\infty} |a_k b_k|$, was Letztere ebenfalls konvergent macht. Somit ist $\sum_{k=0}^{\infty} a_k b_k$ absolut konvergent.

6. Dazu schreiben wir den Quotienten $\frac{f}{g}$ zweier Funktionen als Produkt $f \cdot \frac{1}{g}$, wobei $\left(\frac{1}{g}\right)' = (g^{-1})' = -g^{-2} \cdot g' = -\frac{g'}{g^2}$ (P) ist. Nach der Produktregel folgt dann

$$\left(f \cdot \frac{1}{g}\right)' = f' \cdot \frac{1}{g} + f \cdot \left(\frac{1}{g}\right)' = \frac{f'}{g} + f \cdot \left(-\frac{g'}{g^2}\right) = \frac{f'g}{g^2} - \frac{fg'}{g^2} = \frac{f'g - fg'}{g^2} . \quad \text{(P)}$$

7. Um den Satz von l'Hospital anwenden zu können, formen wir f in einen Bruch um:

$$f(x) = x \ln x = \frac{\ln x}{\frac{1}{x}} \ . \quad \text{(P)}$$

Hier gehen sowohl Zähler als auch Nenner für $x \searrow 0$ gegen $\pm\infty$. Es gilt nach l'Hospital

$$\lim_{x \searrow 0} \frac{\ln x}{\frac{1}{x}} \overset{\text{P}}{=} \lim_{x \searrow 0} \frac{\frac{1}{x}}{-\frac{1}{x^2}} = \lim_{x \searrow 0} -x = 0 \ .$$

Somit kann f durch $f(0) := 0$ in 0 stetig fortgesetzt werden (P).

8. Da sich der Faktor e^x beim Ableiten und Integrieren nicht ändert, bietet sich hier die partielle Integration an.

$$\int e^x \cos x \, dx \overset{\text{P}}{=} e^x \cos x - \int e^x (-\sin x) dx \ .$$

Der neue Integrand sieht ungefähr wie der alte aus, was normalerweise ein schlechtes Zeichen ist. Allerdings wird der Integrand bei nochmaliger partieller Integration bis auf das Vorzeichen *genau* wie der alte aussehen:

$$e^x \cos x - \int e^x (-\sin x) dx = e^x \cos x + \int e^x \sin x \, dx$$

$$\overset{\text{P}}{=} e^x \cos x + e^x \sin x - \int e^x \cos x \, dx \ .$$

Dies können wir ausnutzen. Anfang und Ende der Gleichungskette lösen wir nach dem gesuchten Ausdruck auf:

$$\int e^x \cos x \, dx = e^x \cos x + e^x \sin x - \int e^x \cos x \, dx$$

$$\Leftrightarrow \quad 2 \int e^x \cos x \, dx = e^x \cos x + e^x \sin x + \tilde{c}$$

$$\Leftrightarrow \quad \int e^x \cos x \, dx \overset{\text{P}}{=} \frac{1}{2} e^x (\cos x + \sin x) + c \ .$$

In der ersten Gleichung steht rechts und links eine Stammfunktion der gleichen Funktion. Diese können sich um eine Konstante $\tilde{c}$ unterscheiden, was wir beim Umformen der Gleichung nicht vergessen dürfen.

15.3 Klausur 3

15.3.1 Aufgaben

1. (3 Punkte) Beweisen Sie mit vollständiger Induktion die Summenformel

$$\sum_{k=1}^{n} k^3 = \left(\sum_{k=1}^{n} k \right)^2 .$$

2. (1 Punkt) Zeigen Sie für beliebige komplexe Zahlen $z \in \mathbb{C}$, dass

$$\overline{z^2} = \bar{z}^2$$

gilt.

3. (1 Punkt) Zeigen Sie, dass für streng monoton wachsende Funktionen $f, g \colon \mathbb{R} \to \mathbb{R}$ auch $f + g$ streng monoton wachsend ist.

4. (4 Punkte) Führen Sie eine Partialbruchzerlegung des folgenden Bruches durch:

$$\frac{2x^3 - x^2 + 3x - 1}{x^3 - 2x^2 + x} .$$

5. (2 Punkte) Zeigen Sie, dass die Folge $\left(\sin \left(\frac{\pi k}{2k-2} \right) \right)$ konvergiert und bestimmen Sie deren Grenzwert.

6. (4 Punkte) Untersuchen Sie folgende Reihen mit geeigneten Konvergenzkriterien:

$$\sum_{k=0}^{\infty} \frac{e^k}{k^k} , \quad \sum_{k=0}^{\infty} \frac{\ln k}{k!} .$$

7. (4 Punkte) Bestimmen Sie den Definitionsbereich der folgenden Funktion sowie die links- und rechtsseitigen Grenzwerte an sämtlichen Randpunkten:

$$f(x) := \ln(\sin x) .$$

8. (1 Punkt) Zeigen Sie, dass die Ableitung einer π-periodischen, differenzierbaren Funktion wieder π-periodisch ist.

9. (2 Punkte) Bestimmen Sie den Definitions- und den minimalen Wertebereich (Teilmengen von $\mathbb{R}$) von

$$f(x) := \sin^2 \left(\sqrt{x} \right)$$

und differenzieren Sie die Funktion.

10. (2 Punkte) Überprüfen Sie, ob die Voraussetzungen für den Satz von l'Hospital erfüllt sind und berechnen Sie den Grenzwert:

$$\lim_{x \to 1} \frac{e^x - e}{\ln x} \, .$$

11. (3 Punkte) Berechnen Sie die Taylorreihe von $f(x) := \sinh x$ um den Entwicklungspunkt $x_0 = 0$.

12. (3 Punkte) Berechnen Sie das Integral

$$\int_1^2 x \ln(3x) \, dx \, .$$

Lösungen

1. Für $k = 1$ ist

$$\sum_{k=1}^{1} k^3 = 1^3 = 1 = 1^2 = \left(\sum_{k=1}^{1} k \right)^2 \quad \text{(P)} \, ,$$

womit wir den Induktionsanfang gezeigt hätten. Für den Induktionsschritt nehmen wir $A(n)$ an, also $1^3 + 2^3 + 3^3 + \ldots + n^3 = (1 + 2 + 3 + \ldots + n)^2$ für eine beliebige, aber feste Zahl $n \in \mathbb{N} \backslash \{0\}$. Wir zeigen für die Summe bis $n + 1$:

$$1^3 + 2^3 + 3^3 + \ldots + n^3 + (n+1)^3 \overset{IV}{=} (1 + 2 + 3 + \ldots + n)^2 + (n+1)^3 \quad \text{(P)}$$

$$= \left(\frac{n(n+1)}{2} \right)^2 + (n+1)^3$$

$$= \frac{n^2}{4}(n+1)^2 + (n+1)(n+1)^2$$

$$= \frac{1}{4} \left(n^2 + 4(n+1) \right)(n+1)^2$$

$$= \frac{1}{4}(n+2)^2(n+1)^2$$

$$= (1 + 2 + 3 + \ldots + n + (n+1))^2 \quad \text{(P)}$$

2. Wir schreiben $z := a + bi$ und erhalten:

$$\overline{z^2} = \overline{(a+bi)^2} = \overline{a^2 - b^2 + 2abi} = a^2 - b^2 - 2abi = (a - bi)^2 = \bar{z}^2 \quad \text{(P)} \, .$$

3. Streng monoton wachsende Funktionen sind durch

$$x > y \quad \Rightarrow \quad f(x) > f(y)$$

für alle x, y aus dem Definitionsbereich von f charakterisiert. Setzen wir also $x > y$ voraus, so gilt nach unserer Voraussetzung

$$f(x) > f(y) \quad \text{und} \quad g(x) > g(y)$$

für alle x, $y \in \mathbb{R}$ und somit

$$(f + g)(x) = f(x) + g(x) > f(y) + g(x) > f(y) + g(y) = (f + g)(y) \quad \text{(P)}.$$

4. Bei diesem Bruch müssen wir zunächst eine Polynomdivision durchführen, da Zähler- und Nennerpolynom den gleichen Grad haben:

$$(2x^3 - x^2 + 3x - 1) : (x^3 - 2x^2 + x) = 2 + \frac{3x^2 + x - 1}{x^3 - 2x^2 + x} \quad \text{(P)}$$

$$\underline{-(2x^3 - 4x^2 + 2x)}$$

$$3x^2 + x - 1$$

Das Nennerpolynom faktorisieren wir zu

$$x^3 - 2x^2 + x = x(x - 1)^2 \,.$$

Den Restterm zerlegen wir mit dem Ansatz

$$\frac{3x^2 + x - 1}{x^3 - 2x^2 + x} = \frac{A}{x} + \frac{B}{x - 1} + \frac{C}{(x - 1)^2} \quad \text{(P)}$$

und rechnen weiter

$$= \frac{A(x - 1)^2}{x(x - 1)^2} + \frac{Bx(x - 1)}{x(x - 1)^2} + \frac{Cx}{x(x - 1)^2}$$

$$= \frac{Ax^2 - 2Ax + A + Bx^2 - Bx + Cx}{x(x - 1)^2}$$

$$= \frac{(A + B)x^2 + (-2A - B + C)x + A}{x(x - 1)^2}$$

Koeffizientenvergleich ergibt

$$A + B = 3 \,, \quad -2A - B + C = 1 \,, \quad A = -1$$

$$\Rightarrow \quad A = -1 \,, \quad B = 4 \,, \quad C = 3 \quad \text{(P)},$$

womit wir die Partialbruchzerlegung

$$\frac{3x^2 + x - 1}{x^3 - 2x^2 + x} = -\frac{1}{x} + \frac{4}{x - 1} + \frac{3}{(x - 1)^2}$$

erhalten und die Zerlegung der anfänglichen rationalen Funktion lautet

$$\frac{2x^3 - x^2 + 3x - 1}{x^3 - 2x^2 + x} = 2 - \frac{1}{x} + \frac{4}{x - 1} + \frac{3}{(x - 1)^2} \quad \text{(P)}.$$

5. Da die Sinusfunktion stetig ist, dürfen wir den Limes in das Funktionsargument hineinziehen (P):

$$\lim_{k \to \infty} \sin\left(\frac{\pi k}{2k - 2}\right) = \sin\left(\lim_{k \to \infty} \frac{\pi k}{2k - 2}\right) \overset{(P)}{=} \sin\left(\frac{\pi}{2}\right) .$$

6. Bei

$$\sum_{k=0}^{\infty} \frac{e^k}{k^k}$$

verwenden wir das Wurzelkriterium (P). Der Ausdruck

$$\sqrt[k]{|a_k|} = \sqrt[k]{\frac{e^k}{k^k}} = \frac{e}{k}$$

konvergiert für $k \to \infty$ gegen $0 < 1$ (P). Somit konvergiert die Reihe absolut. Bei

$$\sum_{k=0}^{\infty} \frac{\ln k}{k!}$$

verwenden wir das Quotientenkriterium (P). Die Voraussetzung $a_k = \frac{\ln k}{k!} \neq 0$ ist zumindest für $k > 1$ erfüllt, was uns aber genügt. Nun zum Quotienten:

$$\left|\frac{a_{k+1}}{a_k}\right| = \frac{\frac{\ln(k+1)}{(k+1)!}}{\frac{\ln k}{k!}} = \frac{k! \ln(k+1)}{(k+1)! \ln(k)} = \frac{\ln(k+1)}{(k+1) \ln(k)} .$$

Dies konvergiert für $k \to \infty$ gegen $0 < 1$ (P), da $\lim\limits_{k \to \infty} \frac{\ln(k+1)}{\ln(k)} = 1$ ist. Nach dem Quotientenkriterium muss dann die Reihe absolut konvergieren.

7. Definiert ist $f(x) := \ln(\sin x)$ überall dort, wo der Sinus positive Werte annimmt, also auf

$$D := \bigcup_{k \in \mathbb{Z}}]2k\pi, (2k + 1)\pi[\quad (P).$$

Die Randpunkte des Definitionsbereichs sind die Randpunkte dieser Intervalle:

$$R := \{k\pi \mid k \in \mathbb{Z}\} \quad (P).$$

Die Grenzwerte an den Randpunkten sind sämtlich $\lim\limits_{x \searrow 0} \ln x = -\infty$, also für $x_r = 2k\pi, k \in \mathbb{Z}$:

$$\lim_{x \searrow x_r} f(x) = -\infty \quad (P)$$

und für $x_r = (2k + 1)\pi, k \in \mathbb{Z}$

$$\lim_{x \nearrow x_r} f(x) = -\infty \quad (P).$$

8. Eine π-periodische Funktion f ist durch die Gleichung $f(x+\pi) = f(x)$ charakterisiert. Differenzieren wir diese Gleichung, wobei wir auf der linken Seiten die Kettenregel anwenden, ergibt sich für f':

$$f'(x+\pi) \cdot 1 = f'(x) \quad \text{(P)}.$$

Somit erfüllt auch f' die Gleichung π-periodischer Funktionen.

9. Wegen der Wurzel ist f nur auf dem Intervall $]0, \infty[$ definiert, der Wertebereich ist wegen des Sinus' $[0, 1]$ (P).

$$
\begin{aligned}
f'(x) &= \left(\sin^2 \left(\sqrt{x} \right) \right)' \\
&= 2 \sin \left(\sqrt{x} \right) \left(\sin \left(\sqrt{x} \right) \right)' = 2 \sin \left(\sqrt{x} \right) \cos \left(\sqrt{x} \right) \cdot \frac{1}{2\sqrt{x}} \quad \text{(P)} \\
&= \frac{\sin \left(2\sqrt{x} \right)}{2\sqrt{x}} \ .
\end{aligned}
$$

10. Um die Voraussetzungen des Satzes von l'Hospital zu prüfen, vergleichen wir jeweils die Grenzwerte von Zähler und Nenner:

$$\lim_{x \to 1} e^x - e = e - e = 0 \quad \text{und} \quad \lim_{x \to 1} \ln x = \ln 1 = 0 \quad \text{(P)}.$$

Demnach sind die Voraussetzungen erfüllt und wir dürfen versuchen, die Grenzwerte über die Ableitungen von Zähler und Nenner zu bestimmen:

$$\lim_{x \to 1} \frac{e^x - e}{\ln x} = \lim_{x \to 1} \frac{e^x}{\frac{1}{x}} = \lim_{x \to 1} x e^x = e \quad \text{(P)}.$$

11. Die Ableitungen von f, ausgewertet am Entwicklungspunkt, sind

$$
\begin{aligned}
f(x) &= \sinh x &\Rightarrow\quad f(0) &= 0 \ , \\
f'(x) &= \cosh x &\Rightarrow\quad f'(0) &= 1 \ , \\
f''(x) &= \sinh x &\Rightarrow\quad f''(0) &= 0 \ , \\
f'''(x) &= \cosh x &\Rightarrow\quad f'''(0) &= 1 \ ,
\end{aligned}
$$

$$\vdots$$

Wir zeigen mit vollständiger Induktion für alle $k \in \mathbb{N}$

$$f^{(2k)}(x) = \sinh x \quad \text{und} \quad f^{(2k+1)}(x) = \cosh x \quad \text{(P)}:$$

Den Induktionsanfang haben wir oben schon gemacht. Seien für den Induktionsschritt beide Gleichungen für ein $k \in \mathbb{N}$ vorausgesetzt. Für $k+1$ ergibt sich dann

$$f^{(2(k+1))}(x) = \left(f^{(2k+1)} \right)'(x) = \cosh'(x) = \sinh x$$

und

$$f^{(2(k+1)+1)}(x) = \left(f^{(2k+2)}\right)'(x) = \sinh'(x) = \cosh x \quad \text{(P)}.$$

Daraus folgt im Entwicklungspunkt $f^{(2k)}(0) = 0$ und $f^{(2k+1)}(0) = 1$ und die Taylorreihe von f ist

$$T_{f,0}(x) = \sum_{k=0}^{\infty} \frac{f^{(k)}(0)}{k!} x^k = \sum_{k=0}^{\infty} \frac{1}{(2k+1)!} x^{2k+1} \quad \text{(P)}.$$

12.

$$\int_1^2 x \ln(3x)\,dx = \frac{x^2}{2} \ln(3x)\Big|_1^2 - \int_1^2 \frac{x^2}{2} \frac{1}{x}\,dx \quad \text{(P)}$$

$$= \frac{x^2}{2} \ln(3x)\Big|_1^2 - \int_1^2 \frac{x}{2}\,dx$$

$$= \frac{x^2}{2} \ln(3x) - \frac{x^2}{4}\Big|_1^2 \quad \text{(P)}$$

$$= \frac{4}{2} \ln 6 - \frac{4}{4} - \frac{1}{2} \ln 3 + \frac{1}{4}$$

$$= 2 \ln 6 - \frac{1}{2} \ln 3 - \frac{3}{4} \quad \text{(P)}.$$

Index

Der perfekte Begleiter für Ihre Arbeit mit Mathematica

Sie suchen ein deutschsprachiges Buch, welches Sie bei der Arbeit mit Mathematica als Referenz und Beispielgeber begleitet? Dann ist dieses Buch ideal für Sie geeignet, denn es stellt grundsätzliche Fragestellungen, Konzepte und Techniken des symbolischen Rechnens (nicht nur Mathematica-spezifisch) systematisch dar, erläutert diese anhand einer Vielzahl von Beispielen und geht auch auf speziellere Fragestellungen wie Grafik und Programmierung ausführlich ein. Das Lehrbuch, welches zu den deutschsprachigen Standardwerken auf diesem Gebiet gehört, beschreibt in der aktuellen 5. Auflage noch systematischer als bisher die vielfältigen Möglichkeiten des komplexen Software-Werkzeugs und ist perfekt abgestimmt auf die neueste Version Mathematica 6.

Mathematica 6

Hans-Gert Gräbe; Michael Kofler
ISBN 978-3-8273-7202-4
44.95 EUR [D]

Pearson-Studium-Produkte erhalten Sie im Buchhandel und Fachhandel
Pearson Education Deutschland GmbH
Martin-Kollar-Str. 10-12 • D-81829 München
Tel. (089) 46 00 3 - 222 • Fax (089) 46 00 3 -100 • www.pearson-studium.de

Anschaulich und grundlegend:
Mathematik für Ingenieure - Band 1

Die Vorlesungen zur Mathematik für Ingenieure bilden die absolute Grundlage für ein erfolgreiches Studium der Ingenieurwissenschaften und werden in vielen Veranstaltungen als bekanntes Grundwissen oftmals vorausgesetzt. In diesem ersten Band des 2-bändigen Lehrwerks werden die drei grundlegenden mathematischen Disziplinen Lineare Algebra, Analysis und Numerische Methoden verständlich dargestellt, wobei größter Wert auf eine anschauliche und praxisnahe Erläuterung der Mathematik gelegt wird. Jedes Kapitel bietet zudem zahlreiche Beispiele, Übungen und Anwendungen. Der das Lehrwerk komplettierende Band 2 beschäftigt sich mit den Themenbereichen Vektoranalysis, Intergraltransformationen, Differenzialgleichungen sowie Stochastik.

Mathematik für Ingenieure 1

Armin Hoffmann; Bernd Marx; Werner Vogt
ISBN 978-3-8273-7113-3
49.95 EUR [D]

Pearson-Studium-Produkte erhalten Sie im Buchhandel und Fachhandel
Pearson Education Deutschland GmbH
Martin-Kollar-Str. 10-12 • D-81829 München
Tel. (089) 46 00 3 - 222 • Fax (089) 46 00 3 -100 • www.pearson-studium.de

MATLAB und Simulink:
Das komplette Rundumpaket!

MATLAB und Simulink
Ottmar Beucher
ISBN 978-3-8273-7340-3
24.95 EUR [D]

MATLAB® & Simulink®
Student Version Release 2007a
Mathworks
ISBN 978-0-9792-2390-7
49.95 EUR [D]*

Dieses renommierte Lehrwerk bietet eine optimale Einführung in MATLAB und Simulink, den zentralen Ingenieurwerkzeugen zur Simulation dynamischer Systeme. Mit über 80 Übungen sowie allen im Buch behandelten MATLAB- und Simulink-Dateien zum Herunterladen auf der Companion Website eignet sich dieses Lehrbuch auch für das Selbststudium und die Berufspraxis. Die Studentenversion der Software zum günstigen Preis von € 49,95 vervollständigt das Rundumpaket für den praktischen und effizienten Einsatz von MATLAB und Simulink für Studenten des Maschinenbaus und der Elektrotechnik sowie verwandter Fachrichtungen.